三江源国家公园公报

Bulletin of Three-river-source National Park

青海省人民政府◎编

2018

中国林业出版社

图书在版编目（CIP）数据

三江源国家公园公报. 2018 : 汉文、英文 / 青海省人民政府编.
-- 北京 : 中国林业出版社, 2019.8
ISBN 978-7-5219-0154-2

Ⅰ. ①三… Ⅱ. ①青… Ⅲ. ①国家公园－公报－青海－2018－汉、英
Ⅳ. ①S759.992.44

中国版本图书馆CIP数据核字(2019)第137944号

中国林业出版社·国家公园分社（自然保护分社）
责任编辑：张衍辉　葛宝庆

出　版：中国林业出版社（100009 北京市西城区德内大街刘海胡同7号）
网　址：http://www.forestry.gov.cn/lycb.html　**电　话：**010-83143521
发　行：中国林业出版社
印　刷：北京雅昌艺术印刷有限公司
版　次：2019年7月第1版
印　次：2019年7月第1次
开　本：889mm×1194mm 1/16
印　张：12.5
字　数：153千字
定　价：180.00元

前　言

三江源国家公园体制试点，是党中央深化生态文明制度改革的一项重大决策，是加快推进我国生态文明建设的一次重大创新，是习近平生态文明思想的一次伟大实践，关系战略全局，意义十分重大。2016年三江源国家公园体制试点工作启动以来，青海省紧紧围绕习近平总书记关于“四个扎扎实实”“三个最大”“确保一江清水向东流”的重要指示精神，在中央财经委员会、中央全面深化改革委员会和国家发展和改革委员会、国家林业和草原局等有关部门的指导支持下，立足青海、面向全国、放眼世界，注重实际、突出特色，扎实推进体制试点各项工作。

三年来，管理体制趋于完善，机构运行日益顺畅，治理水平不断提升，试点效应逐步显现，为我国国家公园建设积累了可借鉴的经验，并探索出可复制的模式，为全国生态保护提供了一个好典型、好示范，被国务院作为典型经验给予了通报表扬。

本公报按照国际通行惯例，主要发布自2016年以来三江源国家公园体制试点的进展情况，具体介绍管理体制、政策机制、保护利用、全民共享和生态改善状况等。

2019年1月

Foreword

A pilot project of the national park system in Three-river-source is a major decision of the Communist Party of China (CPC) Central Committee to deepen the institutional reform of ecological civilization, a major innovation to speed up the progress of China's ecological civilization, and a great practice of Xi Jinping's thought on ecological civilization. It is of great significance to the overall strategic situation. Since the launch of the pilot project in Three-river-source National Park in 2016, Qinghai Province has closely revolved around General Secretary Xi Jinping's important instructions on "four promotions"[①], "three greatest"[②] and "ensuring the eastward flow of lucid water from one river". Under the guidance and support of the Central Committee for Financial and Economic Affairs, the Central Committee for Deepening Overall Reform, the National Development and Reform Commission, National Forestry and Grassland Administration and other relevant departments, Qinghai Province

① Four promotions: Steadfastly promote sustained and healthy economic development, ecological protection, safeguard and improve people's livelihood, and strengthen and standardize political life within the Party.

② Three greatest : The greatest value, responsibility and potential of Qinghai lies in its local ecosystem.

has advanced the pilot project of the national park system in Three-river-source in a down-to-earth manner by establishing itself in Qinghai, orienting towards the whole country, taking the world in view, paying attention to reality and highlighting characteristics. Over the past three years, the management system has been greatly improved, the operation of the institutions has become increasingly smooth, the level of governance has been continuously enhanced, and the pilot effect has gradually emerged, accumulating experience and exploring a model that can be replicated and used for reference for the development of national parks in China. The pilot project has provided a good model and demonstration for national ecological protection, and has been highly praised by the State Council as a best practice.

In accordance with international practice, this bulletin mainly releases the progress of the pilot project of the national park system in Three-river-source since 2016, focusing on the management system, policy mechanism, protection and utilization, sharing by the public and ecological improvement.

Jan, 2019

目录

三江源国家公园公报 2018

CONTENTS

一、总体进展情况

（一）体制试点的目标定位与重大要求

青海千山堆绣、百川织锦，是“三江之源”“中华水塔”，在国家可持续发展大局中具有突出战略地位，保护好三江源的生态环境，事关国家生态安全大局，事关中华民族长远利益和永续发展。党中央、国务院历来高度重视三江源生态保护工作，先后建立三江源国家级自然保护区、启动实施三江源生态保护建设一期和二期工程、设立三江源国家生态保护综合试验区，经过不懈努力，区域生态环境明显好转，生态保护体制机制日益健全，农牧民生产生活水平稳步提高，持续筑牢国家生态安全屏障。

党的十八大以来，在习近平生态文明思想的引领下，青海省委省政府坚定肩负起保护生态环境的历史责任，2015年11月向中央上报了《三江源国家公园体制试点方案》（以下简称《试点方案》）。12月9日，习近平总书记主持召开中央全面深化改革领导小组会议审议通过《试点方案》。2016年3月5日，中央办公厅、国务院办公厅正式印发《试点方案》，三江源成为党中央、国务院批复的我国第一个国家公园体制试点。《试点方案》确定的三江源国家公园体制试点的目标定位是，把三江源国家公园建成青藏高原生态保护修复示范区，三江源共建共享、人与自然和谐共生的先行区，青藏高原大自然保护展示和生态文化传承区。通过艰苦实践、开拓创新，努力把三江源国家公园打造成中国生态文明建设的一张名片，国家重要生态安全屏障的保护典范，给子孙后代留下一方净土。与此同时，《试点方案》提出了突出并有效保护修复生态、探索人与自然和谐发展模式、创新生态保护管理体制机制、建立资金保障长效机制、有序扩大社会参与5项主要试点任务。

2016年3月10日，习近平总书记在参加十二届全国人大四次会议青海代表团审议时强调："在超过12万平方千米的三江源地区开展全新体制的国家公园试点，努力为改变'九龙治水'，实现'两个统一行使'闯出一条路子，体现了改革和担当精神。要把这个试点启动好、实施好，保护好冰川雪山、江源河流、湖泊湿地、高寒草甸等源头地区的生态系统，积累可复制可推广的保护管理经验，努力促进人与自然和谐发展"。当年8月22～24日，习近平总书记在青海视察时强调"保护好三江源，保护好'中华水塔'是青海义不容辞的重大责任，来不得半点闪失。""青海最大的价值在生态，最大的责任在生态，最大的潜力也在生态。必须把生态文明放在突出位置来抓。2015年底，中央全面深化改革领导小组已经批准了你们三江源国家公园体制试点方案，这是我国第一个国家公园体制试点，也是一种全新体制的探索。要用积极的行动和作为，探索生态文明建设的好经验，谱写美丽中国青海新篇章。"

习近平总书记的重要指示和嘱托，进一步明确了青海在全国乃至全球生态安全中的战略地位，是青海扎实推进生态文明建设的根本遵循和行动指南，为做好三江源国家公园体制试点工作提供了强大精神动力和政策保障。青海省委省政府坚定落实习近平总书记重大要求，提出了"一年夯实基础工作，两年完成试点任务，五年设立国家公园"的工作目标（图1）。

（二）试点以来主要工作情况

三年来，青海省发挥先行先试政策优势，把体制机制创新作为体制试点的"根"与"魂"，先后实施了一系列原创性改革，确立了依法建园、绿色建园、全

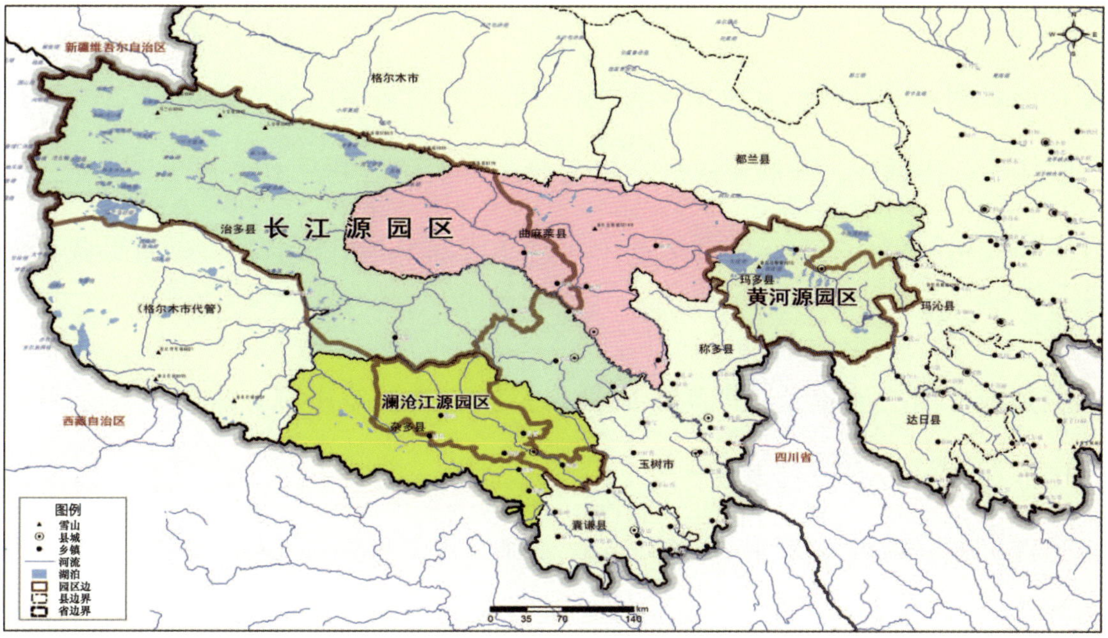

图1　三江源国家公园行政区划示意图

民建园、科技建园、智慧建园、和谐建园、科学建园、开放建园、文化建园、质量建园的理念，逐步形成了三江源国家公园规划体系、政策体系、制度体系、标准体系、生态保护体系、机构运行体系、人力资源体系、多元投入体系、科技支撑体系、监测评估考核体系、项目建设体系、宣传教育体系、公众参与体系、合作交流体系、社区共建体系，改变了“九龙治水”局面，解决了执法监管“碎片化”问题，理顺了自然资源所有权和行政管理权的关系，取得了实实在在、有目共睹的成效和突破性进展，初步走出了一条富有三江源特点、青海特色的国家公园体制创新之路。

构建大部门管理体制，优化重组各类保护地。通过人员划转和职能整合，组建省、州、县、乡、村五级综合管理实体，实现生态全要素保护和一体化管理。对3个园区所涉4县进行大部门制改革，精简县政府组成部门，形成了园区管委会与县政府合理分工、有序合作的良好格局，从根本上解决政出多门、职能交叉、职责分割的管理体制弊端。按照山水林草湖一体化管理保护的原则，对三江源国家公园范围内的自然保护区、重要湿地、重要饮用水源地保护区、自然遗产地等各类保护地进行功能重组、优化组合，实行集中统一管理，增强园区各功能分区之间的整体性、联通性、协调性。开展三江源自然资源和野生动物资源本底调查，建立三江源资源本底数据平台，发布三江源国家公园自然资源本底白皮书。可可西里获准列入《世界遗产名录》。

加强制度和法治建设，推动形成国家公园建设长效机制。编制发布了我国第一个国家公园规划《三江源国家公园总体规划》，编制了三江源国家公园生态保护、管理、社区发展与基础设施等5个专项规划。依程序颁布施行了《三江源国家公园条例（试行）》，印发了三江源国家公园科研科普、生态管护公益岗位等12个管理办法。依据现有相关国家标准、行业和地方标准，编制发布了《三江源国家公园管理规范和技术标准指南》，明确了当前国家公园建设管理工作的执行标准和参照标准。

建立牧民参与共建机制，夯实生态环境保护的群众基础。准确把握牧民群众脱贫致富与国家公园生态保护的关系，创新建立并实施生态管护公益岗位机制，全面实现了园区“一户一岗”，共有17211名生态管护员持证上岗，三年来共投入资金4.34亿元，户均年收入增加21600元，并为其统筹购买了意外伤害保险，对牧民脱贫解困、巩固减贫成果发挥了保底作用。推进山水林草湖组织化管护、网格化巡查，组建了乡镇管护站、村级管护队和管护小分队，构建远距离“点成线、网成面”管护体系，使牧民逐步由草原利用者转变为生态管护者，促进人的发展与生态环境和谐共生。

树立生态保护第一的理念，全面推动绿色发展。重点实施了基础设施建设和三江源二期工程、湿地保护、生物多样性保护等项目。通过发展生态畜牧业合作社，大胆尝试将草场承包经营逐步转向特许经营。鼓励引导并扶持牧民从事公园生态体验、环境教育服务等工作，使他们在参与生态保护、公园管理中获得稳定长效收益，促进增收致富。选择园区4个村和可可西里索南达杰保护站开展三江源国家公园生态保护与发展体制机制示范村建设试点工作。通过公共服务能力的提升，增强城镇发展空间，逐步满足农牧民转岗、转业、转产的目的，实现减人减畜的目标。

加快改善生态环境质量，不断满足人民日益增长的优美生态环境需要。与青海省人民检察院、青海省高级人民法院建立了生态保护司法合作机制，成立了玉树市人民法院三江源生态法庭，组建成立了三江源国家公园法治研究会，建立了三江源国家公园法律顾问制度，充分发挥司法保护生态环境的作用。先后开展了代号为“碧水”“绿剑”“绿盾”等专项行动和常规巡护执法行动，增强了依法管园和建园的水平。扎实开展中央环保督察反馈问题整改，全面核查三江源国家公园和国家级自然保护区及可可西里世界自然遗产地人类活动遗迹，维护三江源区域生态安全。

统筹各类资源优势，夯实国家公园建设基础。与中国航天科技集团、中国科学院等建立战略合作关系，实施三江源国家公园生态大数据中心建设项目，充分应用最新卫星遥感技术开展全域生态监测。省政府与中国科学院共同组建了中国科学院三江源国家公园研究院，强化三江源国家公园科研和技术水平。对省州县乡干部、生态管护员、技术人员组织开展了全员培训，在青海大学生态环境工程学院开设国家公园方向相关课程，逐步提高了业务水准和管理能力。与世界自然基金会、北京巧女基金会等社会组织和企业开展战略合作。组织召开青藏新自然保护区第六届联席工作会议，与新疆、西藏、甘肃、云南等省区建立了生态系统保护区间合作机制。正在协调建立长江、黄河、澜沧江流域省份协同保护三江源生态环境共建共享机制。

面向世界开放建园，强化国际合作交流和宣传推介。与美国黄石国家公园、加拿大班夫国家公园、厄瓜多尔国家公园、智利国家公园正式签署合作交流协议。与中国人民对外友好协会文化交流部、省外事办公室签署《三方合作框架备忘录》，共同推进三江源国家公园国际合作。受邀参加由德国莱法州文化遗产研究与保护总局举办的文化交流系列活动，赴埃及参加联合国《生物多样性公约》第十四次缔约方会议，加入中国生物圈保护区网络。配合中央主流媒体推出系列报道2000多篇，与全国54家媒体联合开展“三江源国家公园全国媒体行”大型采访活动。征集确定并发布了三江源国家公园形象标志和识别系统。完成了《中华水塔》《绿色江源》两部纪录片以及19部国家公园广告片的拍摄、制作和播出，特别是《中华水塔》兼获全国十佳纪录片奖和最佳摄影奖。

（三）高度重视新情况新问题

三江源国家公园体制试点没有现成的经验可供参考借鉴，是边实践边总结、再实践再总结，并不断完善的探索过程。随着体制试点深入推进，难免出现一些新情况、新问题，需要正确认识，逐步解决。

一是打造具有国际影响力的国家公园尚需做出更多努力。青海省着力打造具有国际影响力的国家公园，然而体制试点范围生态系统完整性问题尚需科学评估，公园最终范围确界、自然资源所有权的确权登记等基础工作尚需加强，生态保护与绿色发展相协调、园区内外民生政策相一致、社会参与配套体系建设、人兽矛盾冲突、公园建设经费保障等问题有待深入研究，任重而道远。

二是有效的国家公园管理体制机制尚待进一步强化。理顺体制机制是国家公园体制试点的首要任务，虽然已取得重大突破，但垂直管理与各级地方政府“互利互助互促共同发展”的体制机制尚待全面强化。国家公园范围与4县县域行政界线不吻合，公园划定后未作行政区划调整，公园管理实体机构组建时未新增编制，4县原有机构本身长期缺乏专业技术人员，现在既要承担国家公园“突出并有效保护修复生态”的重大任务，还需要兼顾好县域内、公园外的生态保护任务，管理能力还不能完全适应国家公园建设的需要。《三江源国家公园条例》虽已出台，但三江源国家公园面积与三江源国家级自然保护区面积重叠近95%，试点期间满足生态保护和原住民生产生活的基础设施建设仍受自然保护区法律法规约束，《条例》不能得到有效执行。

三是国家公园的生态环境保护和建设任务依然繁重。经过长期不懈地生态保护建设，三江源生态系统退化趋势得到初步缓解，但区域生态环境整体退化的趋势尚未根本遏制，草地退化、土地沙化荒漠化、水土流失等问题依然存在。三江源国家公园正处于生态系统全面恢复阶段，其面积近14个黄石国家公园、19个班夫国家公园之大，园内仍有80%的黑土滩退化草地、60%的沙化土地尚未完全治理，38%的天然草地未实施退牧还草，局部鼠害仍需强化治理，要实现“整体恢复、全面好转、生态健康、功能稳定”的生态保护修复目标，需要持续发力。

四是国家公园体制改革和建设的红利尚未有效释放。体制试点以来，坚持生态保护与民生改善相协调，与精准扶贫、精准脱贫相结合，国家公园内牧民人均可支配收入分别高出玉树州、果洛州平均水平433元和647元，但与全省乃至全国相比差距仍然悬殊。三江源国家公园绿色发展“组合拳谱”才开始启用，生态效益向经济效益转换尚需一些时日，园区建设红利尚未有效释放，满足园内世居牧民对美好生活的向往还需不懈努力。

五是高效服务国家公园建设的科技力量仍然较为薄弱。国家公园体制建设在我国是一项全新的工作，前期的研究积累和理论、知识储备不足，体制试点面临着科技支撑方面的制约。特别是管理和技术标准体系需要与国际接轨，自然资源统一确权登记、本底调查、全民所有自然资源资产边界划定、监测指标体系和技术体系等是当前国家公园建设面临的重要课题，需要更多科技力量支持。

二、管理体制

（一）建立机构

1．机构框架

2016年5月11日，青海省委办公厅、省政府办公厅批准《三江源国家公园体制试点机构方案》，明确“依托省林业厅派出的省三江源国家级自然保护区管理局，组建三江源国家公园管理局（筹），挂三江源国家级自然保护区管理局牌子”，规定了机构设置、人员编制及职能定位。6月7日，三江源国家公园管理局（筹）挂牌。9月27日，中央编办下达《关于青海省设立三江源国家公园管理局的批复》。11月16日，青海省委、省政府下达《关于设立三江源国家公园管理局的通知》，三江源国家公园管理局正式成立。在长江源区管委会及相应管理处加挂青海可可西里世界自然遗产地管理机构牌子，增加自然遗产保护管理职责。同时，为了加强三江源国家级自然保护区管理，在相应地区保留了保护分区管理机构牌子。2017年8月22日，中央编办、国家发展改革委下达《关于三江源国家公园健全国家自然资源资产管理体制试点实施方案的批复》，同意组建三江源国有自然资源资产管理局。同年年底，三江源国家公园管理局增挂三江源国有自然资源资产管理局牌子，园区国家公园管理委员会（管理处），同步加挂三江源国有自然资源资产管理分局牌子（图2）。

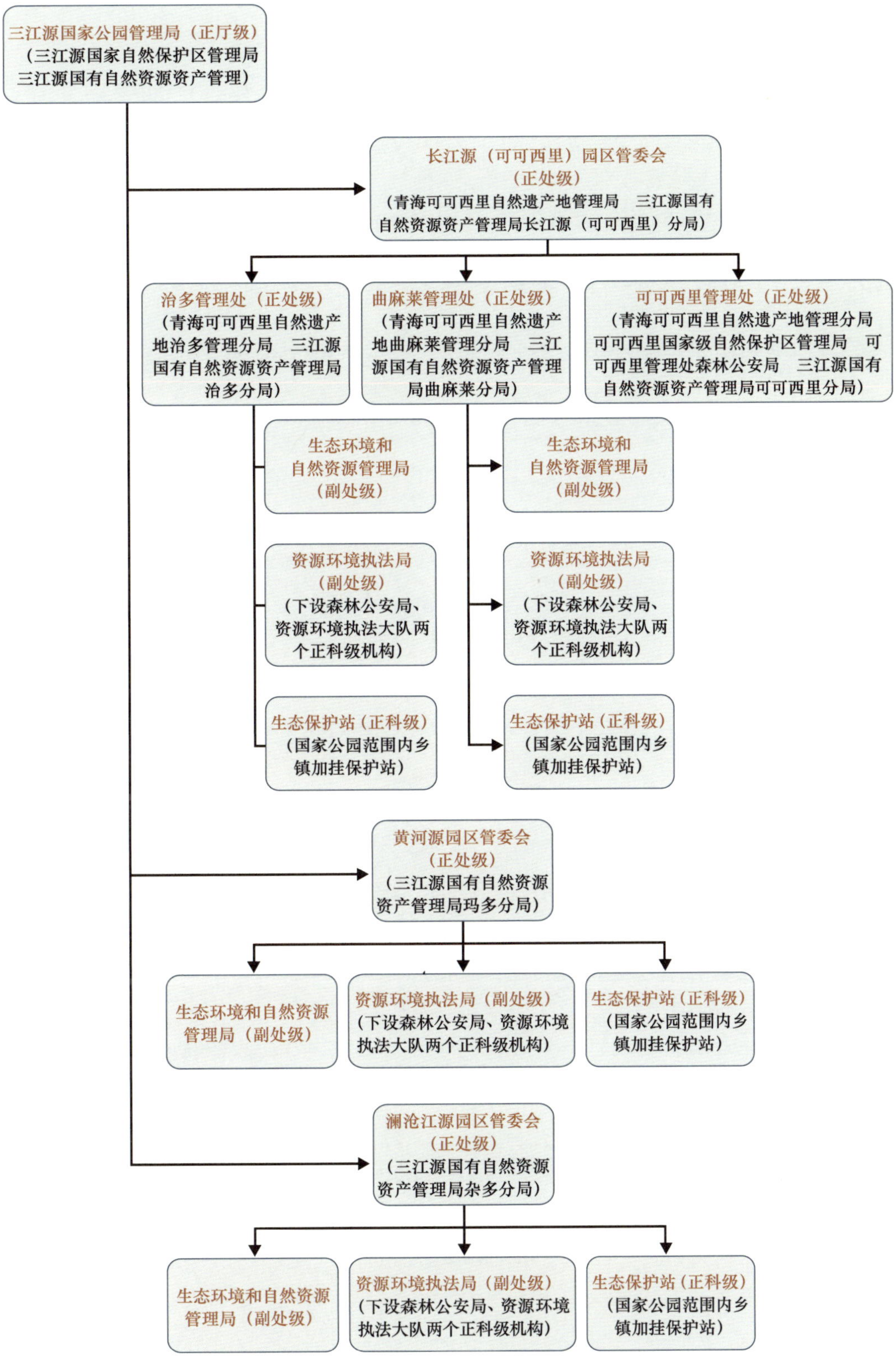

图2　三江源国家公园组织机构框架图

2．机构组建

筹建初期，从全省现有编制调整划转354名编制，组建了三江源国家公园管理局和长江源、黄河源、澜沧江源三个园区管委会。为进一步加强工作力量，2018年1月，省机构编制委员会核增编制51名（其中：行政编制20名、事业编制31名），在局机关增设2个内设机构，3个事业单位（包括1个成建制划转机构）。至此，三江源国家公园管理局有编制405名，包括行政编制80名、森林公安专项编制124名（不含辅警74 名）、事业编制201名（图3）。

图3　三江源国家公园管理系统机构组建图

管理局机关及局属事业单位。机构编制152名，其中行政编制46名、森林公安专项编制81名、事业编制25名。将省三江源国家级自然保护区管理局现有行政编制13名、森林公安专项编制81名划入，并从原省国土资源厅、环境保护厅、住房和城乡建设厅、水利厅、农牧厅、扶贫开发局等6个部门连人带编划转行政编制各2名，省财政厅连人带编划转行政编制1名。新增行政编制20名，事业编制25名，内设机构7个，包括党政办公室（挂政策法规处牌子）、生态保护处（挂生态环境评价处牌子）、规划财务处（挂特许经营处牌子）、执法监督处（挂三江源国家公园森林公安局、三江源国家级自然保护区森林公安局牌子）、自然资源资产管理处、国际合作与科技宣教处、人力资源管理与宣传教育处。局属事业单位3个，包括生态监测信息中心、生态展览陈列中心和三江源生态保护基金办公室。同时，按党组织设置程序设立党委（图4）。

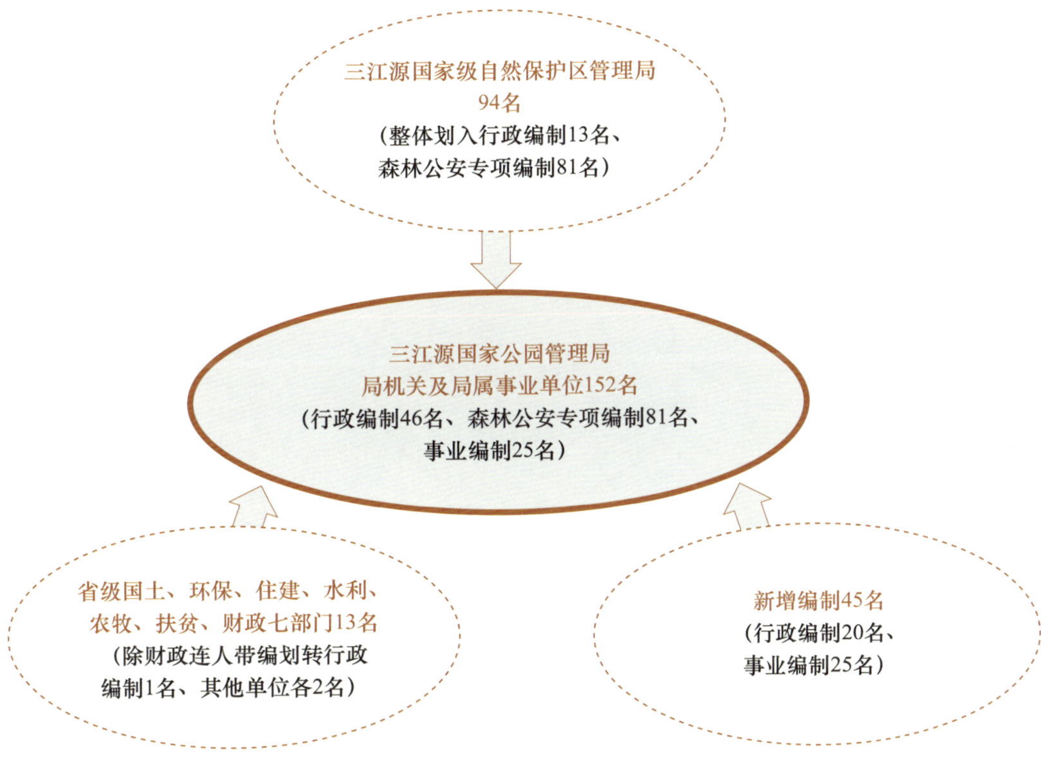

图4　三江源国家公园管理局局机关组建图

园区管委会（管理处）。机构编制253名，其中行政编制34名、森林公安专项编制43名（辅警定额74名）、事业编制176名。从玉树州、果洛州、治多县、曲麻莱县、杂多县、玛多县编制总量内调剂划转，其中：长江源园区管委会机关事业编制9名，治多管理处编制49名（行政编制8名、森林公安专项编制8名、事业编制33名），曲麻莱管理处编制49名（行政编制8名、森林公安专项编制8名、事业编制33名），可可西里管理处编制43名（森林公安专项编制14名、事业编制29名）（图5）；黄河源园区管委会编制55名（行政编制10名、森林公安专项编制6名、事业编制39名）（图6）；澜沧江源园区管委会编制48名（行政编制8名、森林公安专项编制7名、事业编制33名）（图7）。其中：生态环境和自然资源管理局是在整合所在县政府所属国土、环保、林业、水利等部门相关职责的基础上组建；资源环境执法

图5　长江源园区管委会及派出机构组建图

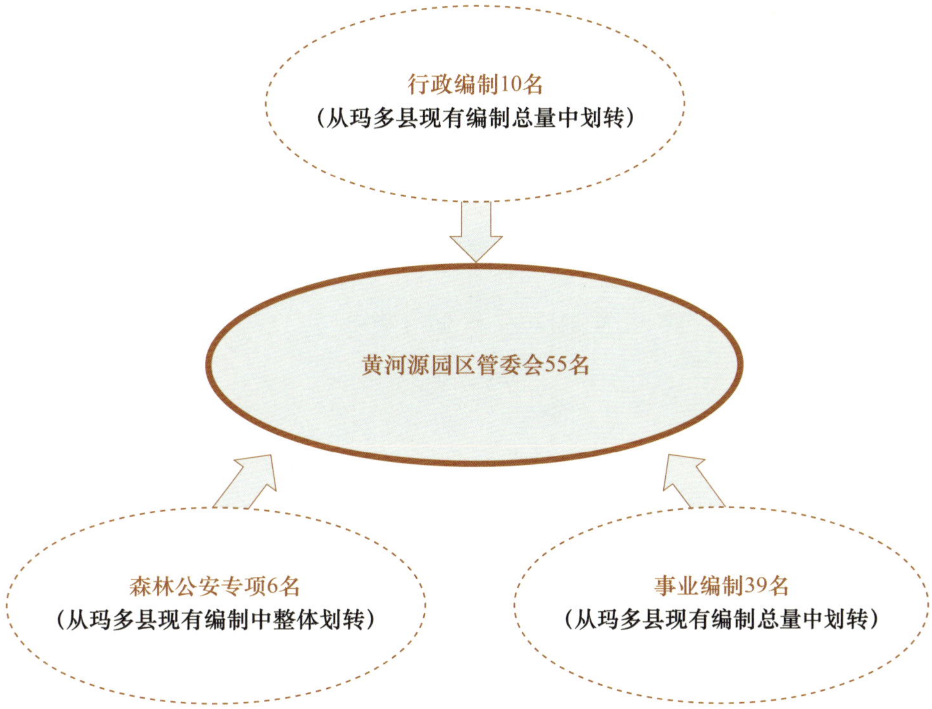

图6　黄河源园区管委会组建图

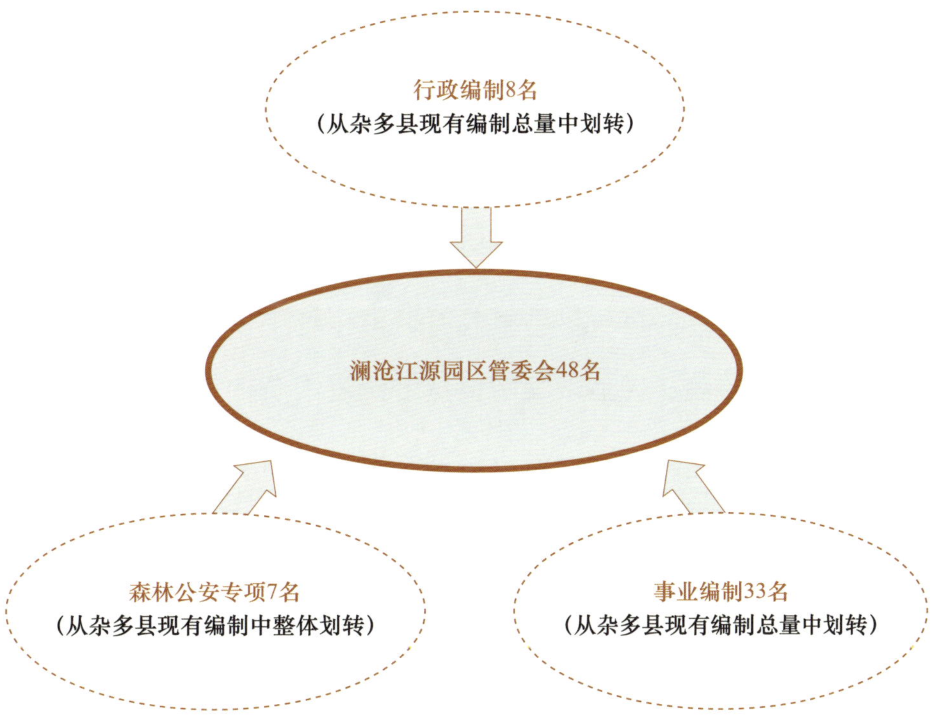

图7　澜沧江源园区管委会组建图

局是在整合县级政府所属的森林公安、国土执法、环境执法、草原监理、渔政执法等执法机构基础上组建，管理森林公安局、资源环境执法大队2个机构。生态保护站是在整合林业站、草原工作站、水土保持站、湿地保护站等涉及自然资源和生态保护单位基础上组建，国家公园范围内的12个乡镇政府分别加挂保护管理站牌子。同时，按照党组织设立程序，各园区管委会（管理处）分别设立党委。

（二）明确权责

1．承担国家公园体制与自然资源资产管理体制“双试点”职责

三江源国家公园自然资源所有权由中央政府直接行使，试点期间由中央政府委托青海省政府代行。组建的三江源国家公园管理局为省政府派出机构，负责三江源国家公园体制和健全国家自然资源资产管理体制“双试点”工作，行使相应管理职责。贯彻执行党中央、国务院和省委、省政府关于国家公园体制试点和健全国家自然资源资产管理体制试点的有关方针政策，组织起草三江源国家公园和三江源国家级自然保护区的有关法规、规章草案，并负责批准后的监督执行。负责统一行使三江源国家公园和三江源国家级自然保护区全民所有自然资源资产管理职责和国土空间用途管制，承担国有自然资源资产所有者职责，依法实行更加严格的保护。组织开展自然资源调查、监测、评估，编制自然资源资产负债表。负责国有自然资源使用权出让管理和收益，建立国有自然资源资产有偿使用制度、特许经营制度、生态补偿机制等并组织实施；承担三江源国家公园和三江源国家级自然保护区国有自然资源资产保值增值责任。负责拟定三江源国家公园和三江源国家级自然保护区基础设施、公共服务设施的建设、管理和维护工作。负责拟定三江源国家公园资金管理政策，提出国家公园专项资金预算建议，编制部门预算并组织实施，组织、管理、

指导国家公园各类专项资金筹集、使用工作。负责三江源国家公园和三江源国家级自然保护区范围内的风景名胜区、地质公园、湿地公园、水利风景区以及生态多样性保护等各类保护地的管理。负责协调三江源国家公园和三江源国家级自然保护区生态保护和建设重大事项，建立生态保护、建设引导机制和考核评价体系。负责三江源国家公园特许经营、社会参与和宣传推介工作。组织开展三江源国家公园和三江源国家级自然保护区科研监测工作。承担国家相关部委、省委省政府、三江源国家公园体制试点领导小组交办的其他事项。

2．与地方政府形成分工明确协调联动的共建机制

建立职责明确、分工合理的三江源国家公园共建机制，调动省州县各级积极性，强化属地责任，建立纵向贯通、横向融合的领导体制。省级层面，及时成立了由青海省委和省政府主要领导任“双组长”的三江源国家公园体制试点领导小组。玉树州、果洛州也分别成立三江源国家公园体制试点领导小组，按照省委省政府、三江源国家公园体制试点领导小组的部署要求，负责协调推进辖区内体制各项工作落实。长江源（可可西里）园区管委会党委书记、管委会主任由玉树州委州政府1名负责人兼任。玛多、杂多、治多、曲麻莱4县的县委书记、县长分别兼任所在园区管委会（管理处）党委书记和主任。管委会（管理处）专职副书记、专职副主任兼任所在县党政副职。管委会（管理处）内设机构和下设机构与县政府相关工作部门的领导实行交叉任职。依托乡镇政府设立的保护管理站，站长和副站长分别由乡镇党委书记、乡镇长兼任。长江源（可可西里）、黄河源、澜沧江源3个园区管委会受三江源国家公园管理局和所属州政府双重领导，以三江源国家公园管理局管理为主。各园区管委会（管理处）设立的生态环境和自然资源管理局，受管委会（管理处）和所属县政府双重领导，以管委会（管理处）管理为主，负责具体实施县域

内园区内外山水林草湖等自然生态空间系统保护，统一用途管制，统一规范管理。资源环境执法局受管委会（管理处）和所属县政府双重领导，以管委会（管理处）管理为主，依法承担县域内园区内外资源环境综合执法工作。各园区管委会（管理处）下设的生态保护站，承担县域内园区内外生态管护工作。国家公园范围内12个乡镇，增加国家公园相关管理职责。管委会（管理处）负责县域内园区内外自然资源管理、生态保护、特许经营、社会参与和宣传推介等职责；属地县政府行使（包括国家公园）经济社会发展综合协调、公共服务、社会管理和市场监管等职责，不再行使试点区内国有自然资源资产所有者职责。同时，属地县政府机构改革，按照生态保护优先、职能有机统一、党政有效联动、编制有效支撑原则，结合国家公园体制试点工作，探索职能有机统一的大部门制。

（三）综合执法

1. 强化自然资源综合执法管理体系

着力解决自然资源执法监管“碎片化”问题，是三江源国家公园体制试点的重要内容之一。体制试点过程中，国家公园范围内上下“三级”联动，归属清晰、权责明确、执法严格、监管有效的生态保护管理新体制全面形成，各执法部门之间既合理分工、明确权责，又各司其职、相互渗透、相互补充、相互配合，共同落实生态保护管理的基本原则和根本目标（图8）。同时，三江源国家级自然保护区18个保护分区内下设的16个森林派出所，其机构和职能不断强化，“二级”执法体系不断加强（图9）。

2. 开展纵横双向联合的自然资源综合执法活动

以三江源国家公园“三级”执法体系、三江源国家级自然保护区“二级”执法

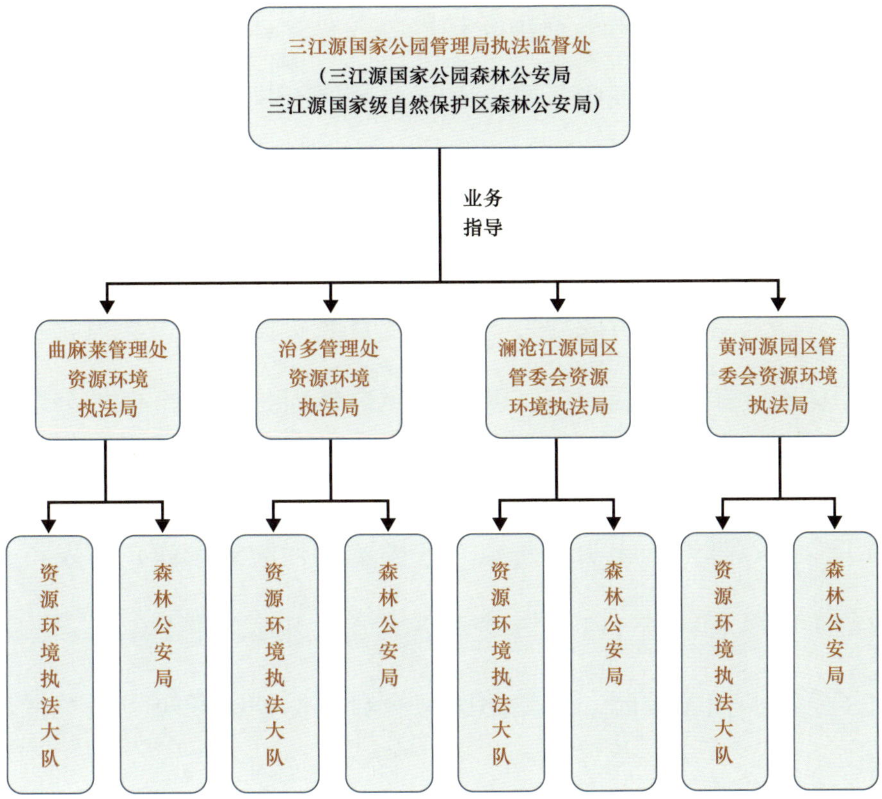

图8　三江源国家公园内“三级”综合执法体系图

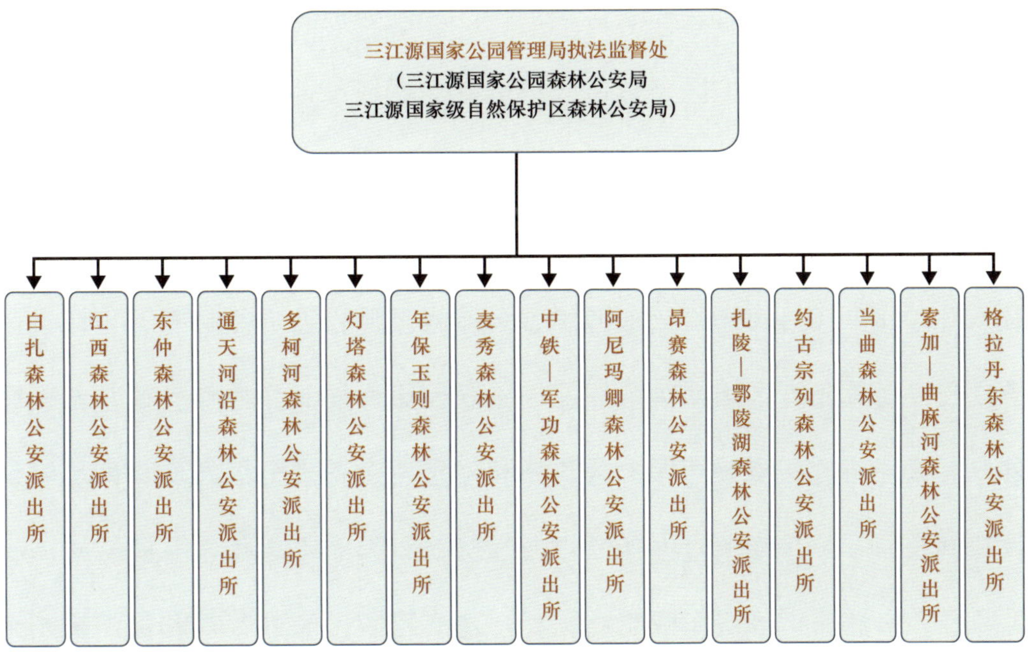

图9　三江源国家级自然保护区内“二级”执法体系图

体系为支撑，不断强化纵向垂直合作综合执法。对三江源国家公园及三江源国家级自然保护区的巡护、巡查和摸底，重点在三个园区开展持续性巡护执法专项行动，严厉打击各类乱采滥挖、乱砍滥伐、乱捕滥猎等破坏自然资源违法犯罪活动。截至2018年底，先后开展“绿水行动”“雷霆行动”“绿剑行动”“飓风行动”“清网行动”“绿盾行动”等以打击破坏自然保护区自然资源和野生动植物资源为主题的各类专项行动15次。集中开展对三江源国家级自然保护区18个保护分区全区域范围巡护活动20余次，共投入警力2万余人次，车辆8千余台次，总行程超过80万公里。检查木材加工企业、野生动物驯养繁殖等各类场所行业58家次，下发责令整改通知30余份，取缔关闭砂石料场 113 家，查处各类违法犯罪案件201起，处罚金额121.1万元，确保了三江源国家公园、三江源国家级自然保护区和可可西里世界自然遗产地自然资源资产安全。

不断探索与毗邻省份横向联合综合执法新路子。主动衔接沟通省域间各相邻保护区，加强对生态探险游、非法穿越保护区等联合监管力度，加强三江源国家公园、三江源国家级自然保护区、可可西里世界自然遗产地与新藏川等省区相邻地区生态环境资源类案件查处力度，严厉打击盗采、盗猎等违法犯罪活动。一是为发挥自然保护区联盟合作机制效益，切实加强区域生态环境保护和地区间生态环境联防联治工作，2018年10月26日，三江源国家公园管理局在西宁主持召开三江源国家公园管理局暨青新藏三省区国家级自然保护区联盟第六届工作协作会议，与新疆阿尔金山保护区管理局、西藏羌塘保护区那曲和阿里两个管理分局、珠穆朗玛峰保护区管理局共同签订了《青新藏五大自然保护区生态环境保护协作备忘录》，制定了《青新藏五大自然保护区协作联盟章程》，建立跨省区长效管控和执法机制，着力加强青新藏三省区边界区域的生态环境资源执法力量。二是玉树白扎、东仲、江西等保护分区森林公安派出所与西藏昌都市公安局乌东派出所二级检查站形成联席会议制度，并签订《平安边界联防合作协议》，双方约定通过建立青藏两省区跨区域警务联防，信息互通、警力资源共享、边界联防互动、执法办案互助，联合打击边界地区破坏生态资源违法犯罪，实现责任共担、队伍共建、防控联动、成果同享，为创建和谐平安边界打下坚实基础。另外，组建警务机动队，探索建立突发事件、重大案件应急机制，在集中优势兵力、保障案件侦破、建立应急机制等方面进行优化设计，提升生态环境执法的战斗力和影响力。

3．探索建立自然资源刑事司法和行政执法高效联动机制

为使刑事司法和行政执法高效结合，三江源国家公园森林公安局与青海省人民检察院侦查监督处建立联席会议制度，积极推进服务和保障三江源国家公园建设专项检察工作。2017年以来，先后出台《青海省人民检察院关于充分履行检察职能服务和保障三江源国家公园建设的意见》《青海省检察机关开展服务和保障三江源国家公园建设专项检察活动实施方案》《三江源国家公园生态保护行政执法与刑事司法衔接工作制度》。在三江源地区设立第一个生态法庭，即玉树市人民法院三江源生态法庭，为三江源国家公园生态环境保护提供有力司法保障。另外，2018年3月，成立了三江源国家公园法治研究会并召开第一次会员代表大会，研究会结合三江源地区生态保护、绿色发展、民生改善、社会稳定的实际，有针对性地研讨体制试点中存在的法治理论和实践问题，把研讨成果应用到实际工作中，促进国家公园法治建设再上新台阶。

（四）理顺体制

通过机构整合，形成了以管理局为龙头、管委会为支撑、保护站为基点、辐射

到村的全新管理体制，“九龙治水”和执法监管“碎片化”问题得到解决，基本实现了“一件事由一个部门来管”的体制试点目标。强化中央事权、落实青海责任，管理机构职责界限清晰。在与经济社会发展规划、土地利用总体规划、城乡建设总体规划充分衔接的基础上，编制《三江源国家公园总体规划》和三江源国家公园管理、生态保护、生态体验和环境教育、产业发展和特许经营、社区发展与基础设施等5个专项规划，形成了“1+5”三江源国家公园规划体系。加强规划衔接，依法开展县域土地利用总体规划、城乡建设总体规划的修编，同步修编县域经济社会发展规划，探索推进“多规合一”。

三、生态保护

（一）统一功能区划

三江源国家公园包括长江源、黄河源、澜沧江源3个园区，总面积12.31万平方千米。园内有国家级自然保护区、国际重要湿地、国家重要湿地、国家级水产种质资源保护区、水利风景区、世界自然遗产地等6类15个保护地。保护地主要依据生态系统类型和保护目标跨行政区域划定，以行业管理为主，与地方行政管理脱节，管理体制不顺、权责不清，管理不到位和多头管理问题突出。为改变政出多门，实行统一管控，必须打破原有各类保护地界线，重新科学合理确定功能分区。

1．一级功能分区

按照各类保护地管控要求，结合现状评价成果，突出更加严格保护要求，对地理区域和生态功能“双统筹”，划分为核心保育区、生态保育修复区、传统利用区3个“一级功能分区”。在《三江源国家公园总体规划》中明确了这一任务（图10、表1）。

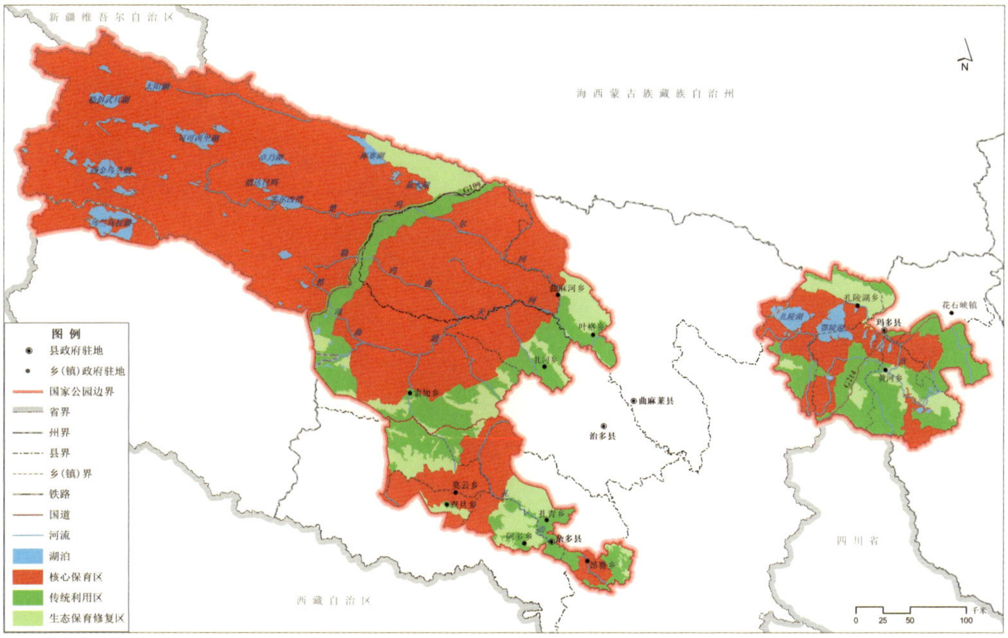

图10　三江源国家公园一级功能分区示意图

核心保育区。总面积90570.25平方千米，占三江源国家公园面积的73.55%，以自然保护区的核心区和缓冲区范围为基线，包括：三江源国家级自然保护区扎陵湖－鄂陵湖、星星海、索加－曲麻河、果宗木查和昂赛5个保护分区和可可西里国家级自然保护区的全部核心区、99%以上的缓冲区。同时，衔接区域内自然遗产提名地、国际和国家重要湿地核心区域和国家级水产种质资源保护区、国家水利风景区等的核心区边界，以及野生动物关键栖息地等划定，包括：三江源和可可西里国家级自然保护区2316.01平方千米的实验区、43177.77平方千米的缓冲区、41711.49平方千米的核心区和3364.98平方千米的非自然保护区。

生态保育修复区。总面积5923.99平方千米，占三江源国家公园面积的4.81%，包括：三江源国家级自然保护区扎陵湖－鄂陵湖、星星海、索加－曲麻河、果宗木查和昂赛5个保护分区5527.28平方千米的实验区和396.71平方千米的非自然保护区。

传统利用区。总面积26647.16平方千米，占三江源国家公园面积的21.46%，是

表1　三江源国家公园一级功能分区

三江源国家公园功能分区			与自然保护区关系	
功能区	面积（平方千米）	比例（%）	功能区	面积（平方千米）
核心保育区	90570.25	73.55	核心区	41711.49
			缓冲区	43177.77
			实验区	2316.01
			非自然保护区	3364.98
生态保育修复区	5923.99	4.81	核心区	0
			缓冲区	0
			实验区	5527.28
			非自然保护区	396.71
传统利用区	26647.16	21.64	核心区	0
			缓冲区	2088.96
			实验区	21761.59
			非自然保护区	2796.61
合计	123141.38	100		123141.38

国家公园核心保育区和生态修复区以外的区域。包括：三江源国家级自然保护区扎陵湖—鄂陵湖、星星海、索加—曲麻河、果宗木查和昂赛5个保护分区和可可西里国家级自然保护区2088.96平方千米的缓冲区、21761.59平方千米的实验区和2796.61平方千米的非自然保护区。

2．二级功能分区

在对现状调查基础上，对核心保育区、生态保育修复区、传统利用区三个一级分区开展二级功能分区，用于落实具体管控措施，加强生态系统完整保护，实现一级分区确定的空间管控目标。在《三江源国家公园生态保护专项规划》中进一步明确这一任务（图11、表2）。

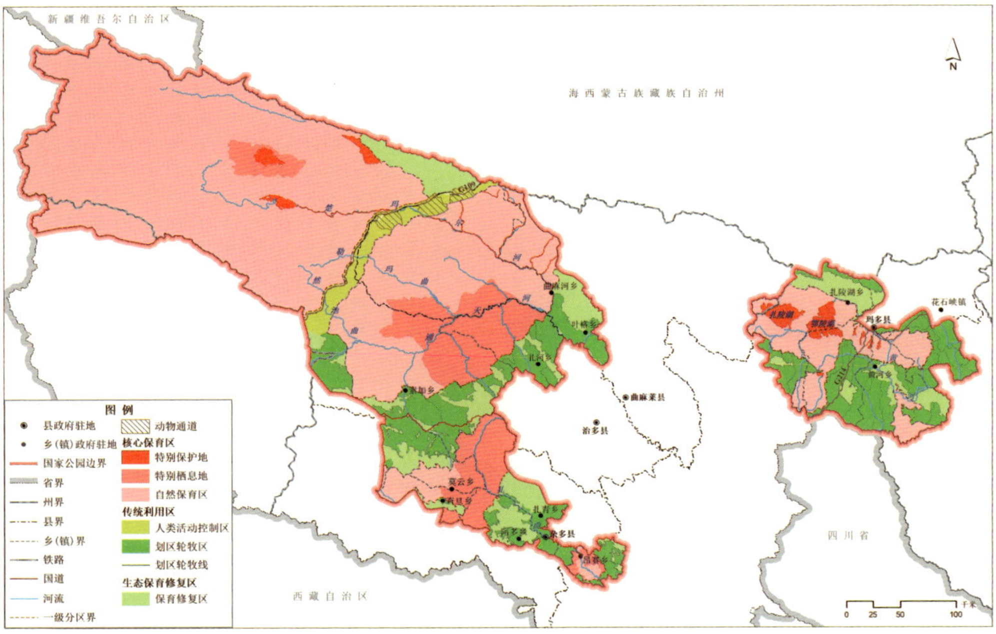

图11　三江源国家公园二级功能分区示意图

核心保育区。根据重点物种栖息地、生态脆弱性、生态系统服务重要性，将核心保育区划分为特别保护地、特别栖息地和自然保育区。

——特别保护地。该区域是国际重要湿地、国家重要湿地、国家级水产种质资源保护区的核心区域，包括鄂陵湖、扎陵湖2个国际重要湿地，多尔改错、卓乃湖、库赛湖、玛多湖、岗纳格玛错等5个国家重要湿地，楚玛尔河特有鱼类和扎陵湖—鄂陵湖花斑裸鲤、极边扁咽齿鱼水产种质资源保护区的核心区。

——特别栖息地。该区域是雪豹、藏羚羊等代表性珍稀濒危物种的重要栖息地，包括雪豹关键栖息地、卓乃湖等藏羚羊繁殖地。

——自然保育区。该区域是核心保育区中除特别保护地和特别栖息地以外的区域，包括高寒草原草甸、高原湖泊沼泽、高寒荒漠、雪山冰川等多种重要生态系统，河流水系分布广，生态系统服务重要，生物多样性丰富。

生态保育修复区。在生态系统和生态过程评价的基础上，按照退化成因，结合三江源生态保护和建设一期、二期工程实施进展，将集中分布的沙地、黑土滩和其他中重度退化草地划为保育修复区。

传统利用区。根据生态保护要求和生态畜牧业生产需要、村落分布和草原承包经营权界限等情况，将传统利用区划分为人类活动控制区和划区轮牧区。

——人类活动控制区。该区域是当地牧民长期形成的传统生活区域。对现有乡村建设用地和公路用地划定建设用地控制线。控制线内只能开展正面清单制度列举的建设活动，控制区面积只能变小不能变大。

——划区轮牧区。该区域是当地牧民的传统生产区域。根据草原生产力和放牧畜群的需要，结合行政区划、草原承包经营权界限，将传统利用区中除人类活动控制区以外的区域划分为若干分区，落实以草定畜，规定放牧强度、顺序、周期和时间。

表2　三江源国家公园二级功能分区

<table>
<tr><th>园区</th><th>面积（平方千米）</th><th>一级分区</th><th>面积（平方千米）</th><th>二级分区</th><th>面积（平方千米）</th></tr>
<tr><td rowspan="6">长江源园区</td><td rowspan="6">90321.49</td><td rowspan="3">核心保育区</td><td rowspan="3">75519.48</td><td>特别保护地</td><td>743.12</td></tr>
<tr><td>特别栖息地</td><td>8894.70</td></tr>
<tr><td>自然保育区</td><td>65881.66</td></tr>
<tr><td>生态保育修复区</td><td>5462.89</td><td>保育修复区</td><td>5462.89</td></tr>
<tr><td rowspan="2">传统利用区</td><td rowspan="2">9339.12</td><td>人类活动控制区</td><td>3200.38</td></tr>
<tr><td>划区轮牧区</td><td>6138.74</td></tr>
<tr><td rowspan="2">黄河源园区</td><td rowspan="2">19083.13</td><td rowspan="2">核心保育区</td><td rowspan="2">8583.85</td><td>特别保护地</td><td>1296.22</td></tr>
<tr><td>自然保育区</td><td>7287.63</td></tr>
</table>

（续表）

<table>
<tr><th>园区</th><th>面积
（平方千米）</th><th>一级分区</th><th>面积
（平方千米）</th><th>二级分区</th><th>面积
（平方千米）</th></tr>
<tr><td rowspan="2">黄河源园区</td><td rowspan="2">19083.13</td><td>生态保育修复区</td><td>2845.13</td><td>保育修复区</td><td>2845.13</td></tr>
<tr><td>传统利用区</td><td>7654.15</td><td>划区轮牧区</td><td>7654.15</td></tr>
<tr><td rowspan="4">澜沧江源园区</td><td rowspan="4">13736.19</td><td rowspan="2">核心保育区</td><td rowspan="2">6343.29</td><td>特别栖息地</td><td>4318.27</td></tr>
<tr><td>自然保育区</td><td>2025.01</td></tr>
<tr><td>生态保育修复区</td><td>3461.04</td><td>保育修复区</td><td>3461.04</td></tr>
<tr><td>传统利用区</td><td>3931.87</td><td>划区轮牧区</td><td>3931.87</td></tr>
</table>

注：为将二级分区的管控措施落实到地块且易于识别，在《三江源国家公园生态保护专项规划》中对《三江源国家公园总体规划》划定的一级功能分区进行了优化调整。

（二）严格空间管控

1. 整体纳入生态保护红线管控

中央办公厅、国务院办公厅印发的《建立国家公园体制试点总体方案》要求，国家公园是我国自然保护地最重要的类型之一，属于国家主体功能区规划中的禁止开发区域，纳入全国生态保护红线区域管控范围，实行最严格的保护。国家公园的首要功能是对重要自然生态系统的原真性、完整性保护，同时兼具科研、教育、游憩等综合功能。2018年3月，《青海省生态保护红线划定方案》将三江源国家公园12.31万平方千米国土面积，划入全省生态保护红线范围，占全省红线划定范围的38.11%。

2. 一级分区管控目标

核心保育区。该区域采取严格保护，重点保护好雪山冰川、江源河流、湖泊、湿地、草原草甸和森林灌丛，着力提高水源涵养、生物多样性和水土保持等服务功能。维护大面积原始生态系统的原真性，限制人类活动。

生态保育修复区。该区域以亟须修复的退化、沙化草地为主，强化自然恢复和实施禁牧等必要的人工干预措施，待恢复后再适度开展休牧、轮牧形式的科学利用，以维护高寒生态系统持续健康稳定，全面提高水源涵养功能。

传统利用区。该区域生态状况总体稳定，是当地牧民的传统生活、生产空间，是承接核心保育区人口、产业转移与区外缓冲的地带。将乡镇政府所在地和社区、村落现状建设用地等生活区域，以及铁路、国省干道公路划定建设用地限制线，加以严格管控；其他区域严格落实草畜平衡政策，适度发展有机畜牧业，进一步减轻草原载畜压力，加快牧民转产转业，逐步减少人类活动。

3．二级分区管控措施

特别保护地。保护青藏高原长丝裂腹鱼、裸腹叶须鱼、花斑裸鲤、极边扁咽齿鱼等特有鱼类；保护和恢复国际重要湿地和国家重要湿地，改善水禽栖息地和湿地水质，逐步恢复湿地生物多样性，发挥湿地的多重生态功能。实施河湖和湿地永久封禁保护，进行科研调查活动需经过批准；禁止放生和放流活动；建立河长制 / 湖长制，禁止建立排污口。

特别栖息地。掌握藏羚羊、雪豹、金钱豹等珍稀野生动物分布情况和种群动态，保护其种群稳定和栖息地完整。除原有居民生活和经批准的科研监测工作外，禁止其他人为活动；加强野生动物及其栖息地监测，开展定期评价；探索有效的野生动物保护保险和补偿制度。

自然保育区。保护高寒荒漠、高寒草甸、高寒草原和森林灌丛生态系统完整性，保护高原沼泽、湖泊、河网、雪山冰川等自然景观原真性，湿地生态系统恢复，荒漠生态系统逐步得到保护和恢复，提高生态系统服务功能。禁止生产经营性放牧；除必要巡护道路，不规划新建道路，禁止其他开发建设；采取自然恢复为主的保育措施；主要依托生态环境监测站点开展科研和环境教育活动。

人类活动控制区。确保藏羚羊等野生动物迁徙通道畅通；确保进藏交通能源通信通道安全；严格限制人类活动空间，达到严格保护的目的。在6～8月的藏羚羊迁徙期，停止除应急抢险之外的公路建设，依法对青藏公路藏羚羊的3条迁徙通道周边进行交通管制，禁止游人靠近藏羚羊；严格遵守建设用地控制线，切实将人类活动对国家公园的影响降到最低程度。

划区轮牧区。根据草地资源承载能力，以草定畜，维持草畜平衡，实现人与自然和谐；维持当地牧民传统生产生活方式。执行严格的草畜平衡制度，实行季节性休牧和轮牧；禁止与管理目标不一致的开发建设；适度开展生态体验和环境教育，限定生态体验路线和区域，控制访客流量；发展生态畜牧业，加快牧民转产就业。

生态保育修复区。提升高寒草原、高寒草甸生态系统服务功能；禁止放牧及开发建设项目进入；采取退牧还草、已垦草原还草、人工修复与补播等措施封育退化草地；采取以工程修复为主、生物和自然修复为辅的模式修复黑土滩；对于尚有植被生长的固定沙地，采取以封育为主、生物治沙措施为辅的模式促进沙地的植被恢复；对于植被生长困难的半固定、流动沙地，采取增设沙障与种草相结合的复合治沙模式建立生物治沙体系；加强草原鼠害防治。

4. 严格准入审查

以《中华人民共和国自然保护区条例》《中华人民共和国野生动物保护法》《三江源国家公园条例（试行）》等法律法规为准绳，根据《三江源国家公园总体规划》的功能区划原则和管控措施要求，按照《三江源国家公园功能分区管控办法

（试行）》的规定，在三江源国家公园范围内修筑设施、科研科考等准入审查方面进行严格管理。一方面，按照“依法依规，科学合理”的原则，严格按照法律法规相关规定和程序进行准入审查。一方面，充分考虑三江源国家公园总体布局，兼顾历史遗留问题和当地经济社会发展、扶贫攻坚、抗灾救灾、民生改善的实际需求有所侧重，妥善处理发展与保护之间的关系。目前，对涉及国家公园范围传统利用区内的牧民群众民生改善、扶贫攻坚设施修筑，认真执行国家林业局50号令和《三江源国家公园条例（试行）》相关规定。

（三）强化生态修复

1．以大工程促进大保护

三江源是国家重要的生态安全屏障，是“一屏两带”生态安全格局的重要组成部分，历来是生态保护和建设工程的主战场。2005年以来，作为国家战略，启动实施《青海三江源自然保护区生态保护和建设总体规划》，即一期工程，这是我国继京津风沙源治理之后的又一重大生态综合治理工程，开启了青藏高原山水林草湖系统保护修复的新模式。一期工程于2013年圆满完成，二期工程于2014年全面启动，两期工程无缝对接，规划总投资总计达230亿元。计划实施黑土滩治理1068万亩*、封山育林631万亩、沙漠化防治300万亩、湿地保护1660万亩，生态移民1.1万户5.57万人，建设牲畜暖棚5.14万户617万平方米，解决人畜饮水安全13.16万人，配发户用太阳能光伏电源4.08万户，培训各类人员15.27万人次，搭建生态监测、人工增雨体系平台，开展科研课题及应用推广等。另外，争取国家和省财政投资2.64亿元，实施了三江源地区地质环境治理恢复工程，通过修复河道、覆坑平整、回填表土、栽

* 注：1 亩≈ 0.067 公顷，下同。

种林草、封育围栏等，使5.80万亩矿区土地生态功能得以恢复，历史遗留环境问题得到有效解决。三江源国家公园属于江河源头和水源涵养区，是三江源生态保护和建设工程的重要实施区，大工程促进了大保护，这些重点项目的实施对有效遏制该地区生态持续退化趋势起到了决定性作用。

2. 以大保护促进大修复

2017—2018年，国家发展改革委委托中国国际工程咨询公司对《青海三江源生态保护和建设二期工程规划》实施情况进行了中期评估，发布了《关于青海三江源生态保护和建设二期工程规划实施情况的中期咨询评估报告》。报告认为，通过实施草地、森林、湿地等生态系统保护和建设工程，三江源生态系统退化趋势得到遏制，生态服务功能进一步凸显。草原生态状况逐步好转，草原鼠害危害面积大幅下降，各类草地草层厚度、覆盖度和产草量基本呈上升趋势，退化过程整体呈减缓态势；森林生态功能逐渐增强，各树种郁闭度呈正增长趋势，灌木林地基本处于动态平衡状态；荒漠化土地面积逐步缩小，局部地区沙化扩大趋势得到控制，防风固沙能力不断增强，流沙侵害公路等现象大幅减少；水源涵养林、水土保持林和防风固沙林正在逐步成林，乔木型、乔灌型、灌木型与灌草型封育地植被得到自然恢复，林地涵养水源、保持水土的生态效益逐渐释放；湿地生态系统面积不断扩大，湿地监测站点植被盖度提高，样地生物量呈增长趋势。地表水环境质量状况为优，监测断面水质保持在Ⅱ类以上。这些成效，是工程系统实施和管护措施相互作用形成的综合效益，是大保护促进大修复的集中体现。

3. 以大修复促进大丰富

三江源是世界高海拔地区生物多样性特点最显著的地区之一，是青藏高原上重要的动植物种质基因库，调查数据显示，三江源地区植被类型有针叶林、阔叶林、针阔混交林、灌丛、草甸、草原、沼泽及水生植被、垫状植被和稀疏植被等9个植被型，可分为14个群系纲、50个群系。生态系统的日益修复促进生物多样性不断丰富，藏羚羊、野牦牛、棕熊、藏野驴、马鹿、黑颈鹤等野生动物种群数量逐年增加，濒危物种频现。据监测，在三江源区域，旗舰物种雪豹种群数量骤增至千只左右，被全球学界公认为世界雪豹分布最密集的区域之一；藏羚羊个体数量从20世纪90年代的2万多只恢复到2017年的6万多只；发现了欧亚水獭、金钱豹等珍稀濒危物种，黄河源园区监测到黑狼等珍稀物种。

（四）野生动物保护

1. 野生动物本底调查

2016年，启动了三江源国家公园野生动物本底调查，形成了《三江源国家公园野生动物物种名录》，利用科学手段绘制了《长江源园区、黄河源园区和澜沧江源园区重要物种分布图》。

据此，三江源国家公园内共分布野生陆生脊椎动物270种，隶属4纲29目72科，其中兽类8目19科62种，鸟类18目45科196种，两栖类2目5科7种，爬行类1目3科5种。

兽类中食肉目种类最多，19种，占国家公园兽类总数30.65%，其次是啮齿目和偶蹄目，分别为14种和12种，占22.58%和19.35%；再次是兔形目，9种，占14.52%；劳亚食虫目5种，占8.06%；翼手目、灵长目、奇蹄目均1种。从分类系统看，翼手目、灵长目、奇蹄目种类贫乏。目前，青海省兽类共有103种，三江源国家公园分布的兽类占青海省的60.19%（表3）。

表3　三江源国家公园兽类各目物种数分布

目	种数（种）	所占比例（%）
劳亚食虫目 EULIPOTYPHLA	5	8.06
翼手目 CHIROPTERA	1	1.61
灵长目 PRIMATES	1	1.61
食肉目 CARNIVORA	19	30.65
奇蹄目 PERISSODACTYLA	1	1.61
偶蹄目 ARTIODACTYLA	12	19.35
啮齿目 RODENTIA	14	22.58
兔形目 LAGOMORPHA	9	14.52
合计	62	100

三江源国家公园内分布的196种鸟类中，雀形目鸟类最多，共94种，占国家公园鸟类总数的47.96%；其次是鸻形目、雁形目和鹰形目，分别有22种、19种和15种，分别占到国家公园鸟类总数的11.22%、9.69%和7.65%；剩余14目，占比均小于5%（表4）。目前，青海全省共有鸟类380种，三江源国家公园分布的鸟类占比达51.58%。

表4　三江源国家公园鸟类各目物种数分布情况

目	种数（种）	比例（%）
雀形目 PASSERIFORMES	94	47.96
鸻形目 CHARADRIIFORMES	22	11.22
雁形目 ANSERIFORMES	19	9.69
鹰形目 ACCIPITRIFORMES	15	7.65

（续表）

目	种数（种）	比例（%）
鸡形目 GALLIFORMES	9	4.59
鹈形目 PELECANIFORMES	6	3.06
隼形目 FALCONIFORMES	6	3.06
鸽形目 COLUMBIFORMES	5	2.55
啄木鸟目 PICIFORMES	5	2.55
鹤形目 GRUIFORMES	4	2.04
䴙䴘目 PODICIPEDIFORMES	2	1.02
沙鸡目 PTEROCLIFORMES	2	1.02
鸮形目 STRIGIFORMES	2	1.02
夜鹰目 CAPRIMULGIFORMES	1	0.51
鹃形目 CUCULIFORMES	1	0.51
鹳形目 CICONIIFORMES	1	0.51
鲣鸟目 SULIFORMES	1	0.51
犀鸟目 BUCEROTIFORMES	1	0.51
合计	196	100

2．主要兽类密度和数量

采用人工估算的方法，对3个园区内藏原羚、西藏野驴、白唇鹿、雪豹等主要的野生兽类种群密度与数量进行夏季和冬季的估算比对，种群数量较多的为西藏野驴、藏原羚和藏羚羊。其中，藏原羚约为6万只，西藏野驴约3.6万头，藏羚羊约6万多只。白唇鹿和野牦牛的种群数量也很大，均为1万头左右。园区内备受关注的雪豹种群数量在600只左右。种群密度夏季明显高于冬季的有西藏野驴、藏原羚、狼、阿尔泰盘羊和野猪等。白唇鹿、藏狐、豹猫、藏羚羊、岩羊、野牦牛冬夏两季种群数量差别不大。因棕熊有冬眠的习性，冬季调查无发现。

3．重点兽类的主要分布区域

雪豹处于三江源地区野生动物食物链顶端位置，是三江源国家公园内的旗舰物种，活动于海拔3500 米以上的高山裸岩地带和雪线附近，近年来出没范围和频度大为增加。藏羚羊主要分布在长江源园区的曲麻莱县西部和治多县索加乡西南部，以及可可西里自然保护区管辖区，其中青海省与西藏自治区相邻区域种群数量较多。西藏野驴和藏原羚为三江源国家公园内的广布种，冬天时常集群活动。藏狐、赤狐和高原鼠兔等小型哺乳动物则广泛分布于三江源国家公园内。狼和藏棕熊也属于公园内的常见物种。大型野生食草动物和家畜总计47.5万羊单位，大型野生食草动物羊单位数量与家畜羊单位数量之比为1∶4.5。

4．野生动物保护行动与举措

三江源国家公园是全球少有的大型、珍稀、濒危野生动物主要集中分布区之一，随着栖息地保护、巡护、监测和专项执法等保护行动和管护措施的加强，野生动物种群数量呈较快上升趋势。一是强化国家公园的执法力度，建立科学可行的巡护制度，严厉打击偷捕滥猎野生动物违法犯罪活动；二是建立群防群治和社区协作机制，设置生态管护岗位，进行野生动物日常巡护，健全村民联合保护机制，制定资源管理制度；三是加强宣传教育力度，做到野生动物保护家喻户晓；四是加强栖息地保护，通过实施天然林保护、退耕还林（草）、荒漠化防治、湿地保护和草原治理、拆除网围栏等工程，恢复和重建野生动物栖息地；五是加强对迁徙（移）通道的保护和巡护管理；六是建立保护基金和野生动物损害赔偿制度；七是加强物种保护。

（五）监测体系与成果

生态监测网络基本建立，信息化水平显著提高。通过实施生态监测和基础地理信息系统建设工程，整合先进监测手段，运用通信传输和信息化技术，实现了三江源地区环境、生态、资源等各类数据的高密度、多要素、全天候、全自动采集，形成了以“3S”技术为支撑、遥感监测与地面监测相结合的三江源综合试验区区域生态监测体系和监测技术保障体系，初步建立了“天空地一体化”的生态环境监测评估体系和数据集成共享机制。三江源国家公园体制试点以来，进一步强化工作机制，建设生态环境大数据中心，为三江源地区，特别是园区内生态保护、自然资源管理、绩效考评等提供支持，为园区功能区划动态管理提供依据。

1．生态监测体系

地面监测网络建设。目前，三江源国家公园共建成综合监测站7个，草地监测站点31个，森林监测站点2个，沙化土地监测站点26个，湿地基础监测站点5个，水文水资源监测站点2个，水土保持监测站点2个，气象要素监测站点398个，环境空气质量监测站点1个，地表监测断面6个，土壤环境质量监测站点7个（图12）。

卫星通信系统建设。已初步建立以“村村通”光纤通信为基干、以国产卫星通信链路全覆盖的区域信息管理网络。租用中星10号国产通信卫星和北京云岗地面主站资源，配发管理局固定站1套、监测点地面固定站7套、便携站24套、背负站5套、北斗手持终端30套、动中通和静中通各1套及其指挥管理系统1套，基本解决无网络地区森林公安派出所日常办公、巡护中的上网和通信问题，初步实现园区生态、管理、社会信息的高效安全联通。

遥感监测能力建设。正在同生态环境部卫星环境应用中心、中国资源卫星应用

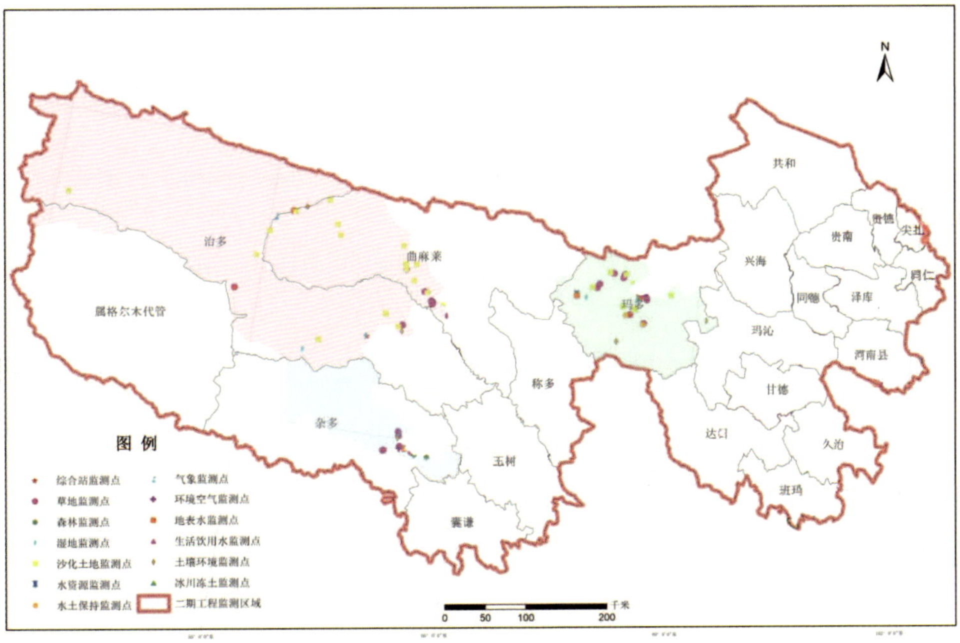

图12　三江源国家公园生态监测站点示意图（因气象点位多仅标出了3个）

中心、国家高分中心、国家测绘地理信息局卫星测绘应用中心等部门建设直连的高分遥感数据一站式服务系统，通过系统制定数据采集计划，提交数据采集申请，实现对原始数据的基础处理，保障业务运行。

生态环境状况监测评价。结合国家公园建立生态考核体制和生态状况定期评估发布的要求，充实和完善主要监测内容和指标体系，建立并发布相应标准。提升由省生态环境厅牵头，水利、林草、气象等部门组成的“三江源生态监测中心”保障和服务能力，做好三江源国家公园、三江源国家级自然保护区、可可西里自然遗产地生态环境状况监测等专项评价报告，为国家公园建设与发展提供支撑。在年度监测评价报告的基础上，建立三江源国家公园、三江源国家级自然保护区、可可西里自然遗产地生态环境状况、结构、功能、资源环境承载能力以及生态修复成效等为目标的定期评估制度。

生态监测队伍建设。以提高监测队伍整体素质为目的，以开展信息化专职人员岗位技能培训为主线，重点加强技术人员专业技能培训。依托现有合作单位，针对具体实施的项目，开展生态监测专业技术人员培训、技术交流与研讨等活动，培养了一批覆盖生态监测各个领域、业务精湛的技术骨干。培训部分生态管护员参与监测工作，同时将一些生态监测活动与公众参与活动相结合。积极吸引具有相关专业能力的志愿者参与生态监测工作，为三江源生态监测体系建设提供了人才保障和智力支持。

2. 年度监测成果

自2016年开始，为配合三江源国家公园体制试点工作，基于青海三江源生态保护和建设二期工程生态监测项目建立的三江源生态监测组，采用遥感监测和地面监测相结合的方式，开展三江源国家公园生态监测工作，并逐步常态化。2018年6月发布了年度监测简报，完成了三江源国家公园3个园区的生态系统结构与空间分布、生态环境状况和土壤侵蚀状况遥感监测及草地、森林、湿地、沙化土地、水文/水资源、气象要素、水土保持、环境质量等监测工作。

主要监测评价结果。三江源国家公园区域年均气温较气候平均值偏高1.2℃，年降水量较气候平均值多近一成，年日照时数较气候平均值少4.3%；区域水资源总量为96.54亿立方米，地下水资源量为36.33亿立方米；区域草地植被平均高度、盖度、产草量较上年均有所增长；区域土壤侵蚀以轻度冻融侵蚀为主；区域内圆柏样地郁闭度、蓄积量均呈缓慢正增长趋势，灌木林总体处于增长态势；沙化土地植被高度、盖度、生物量与往年总体持平、略有增长；湿地植被盖度、生物量较上年略有增长；区域内主要城镇环境空气质量优；地表水水质状况总体为优；主要城镇集中式生活饮用水水源符合生活饮用水源地水质要求。区域生态环境状况等级以“一般”为主，总体保持稳定。

主要监测评价结论。三江源国家公园年平均气温-1.3℃，较气候平均值偏高1.2℃；年降水量429.6毫米，较气候平均值多近一成；年日照时数为2575.9小时，较气候平均值少4.3%。

三江源国家公园园区地表水资源量为96.54亿立方米，地下水资源量为36.33亿立方米（地下水资源量与地表水资源量完全重复），水资源总量为96.54亿立方米。

根据遥感监测，三江源国家公园草地、水体与湿地、森林、裸地、荒漠和城镇生态系统面积分别占区域总面积的69.51%、22.91%、0.20%、5.86%、1.44%和0.08%，草地、湿地是三江源国家公园主要生态系统类型。

三江源国家公园生态环境状况等级以“一般”为主，占三江源国家公园面积的67.94%。与上年度相比，区域生态环境状况指数变化幅度介于0.20至0.42之间，各县域生态环境状况无明显变化。

三江源国家公园土壤侵蚀总面积为47475.48平方千米，水力侵蚀、风力侵蚀、冻融侵蚀和工程侵蚀分别占园区土壤侵蚀总面积的0.71%、13.14%、86.14%和0.003%；土壤侵蚀以轻度冻融侵蚀为主。

三江源国家公园园区内牧草长势与往年相比较好。草地植被盖度较上年提高27.31%；草层平均高度较上年提高0.84厘米；总产草量较上年平均提高13.29%。

与上年相比，三江源国家公园园区内圆柏样地郁闭度平均增长0.02；标准木蓄积量增长0.0001立方米，各树种的蓄积量呈缓慢增长趋势。灌木林高度年平均增长3.68厘米，灌木林灌木生物量增长1克/平方米。

三江源国家公园沙化土地植被盖度、总生物量、指示种平均高度和指示种生物量较上年分别平均增长2%、1克/平方米、0.99 厘米和5克/平方米。

三江源国家公园湿地监测站点植被盖度比上年平均增长1%，总体呈现增长态势；样地生物量变幅在4～21克/平方米，监测样地指示种生长呈正增长且变化明显，生物量平均增长率为4%。

三江源国家公园主要城镇年度环境空气质量达到《环境空气质量标准》（GB 3095—2012）一、二级标准，环境空气质量优良；长江、黄河、澜沧江流域主要河流监测断面水质达到《地表水环境质量标准》（GB 3838—2002）II 类以上标准限值，地表水水环境质量状况为优；主要城镇集中式生活饮用水水源地各监测点水质均达到《地表水环境质量标准》（GB 3838—2002）、《地下水质量标准》（GB/T 14848-93）中对集中式生活饮用水源地水质的要求。

四、制度建设

（一）地方法规

国家公园立法在我国尚属空白，无上位法律可以遵循。三江源国家公园立法是全面贯彻落实《试点方案》和青海省委《关于实施〈三江源国家公园体制试点方案〉的部署意见》的具体举措，是做好体制试点工作的“规定动作”和“必答题”，是实现依法建园和推进青海省生态文明制度建设的必备要件，也是为全国提供可复制、可推广的生态保护管理经验的现实需要。三江源国家公园立法工作以相关法律法规为基本遵循，注重体现《试点方案》及其《关于实施〈三江源国家公园体制试点方案〉的部署意见》精神，参考国内外保护地管理法律法规，借鉴国际上国家公园立法经验，坚持立足当下、着眼长远、统筹兼顾、破旧立新、宜简不宜繁的原则，从实际出发，在立法调研的基础上总结多年来三江源生态保护经验，突出采取最严格的生态保护政策、执行最严格的生态保护标准、落实最严格的生态保护措施、实行最严格的责任追究制度的基本要求，旨在体现管理体制机制改革和山水林田湖草生命共同体理念，着力解决“九龙治水”、执法监管“碎片化”等突出问题。

2016年10月，青海省政府法制办和三江源国家公园管理局组成了各方面专家为主的起草小组，历经4个多月，经过省内外广泛调研、讨论起草，多轮次、多层面、多形式征求意见和反复修改完善，并报国家公园体制试点领导小组及其13个国家部委征求意见，以不同方式向中央深改办、中央财经办、全国人大法工委、环资委、国务院法制办请示汇报同意后，于2017年2月20日提请青海省人民政府第74次常务会议审议通过；于2017年2月24日提请青海省委第132次常委会研究同意；2017年3月29日，青海省第十二届人民代表大会常务委员会第33次会议听取了《三江源国家公园条例（试行）》草案说明，省人大环境资源保护委员会提出了关于《三江源国家公园条例（试行）》（草案）的审议意见；2017年6月2日，经青海省第十二届人民代表大会常务委员会第34次会议表决通过，以青海省人民代表大会常务委员会第47号公告正式公布，自2017年8月1日起施行。

《三江源国家公园条例（试行）》的颁布和实施，标志着三江源国家公园法制化建设迈出新的一步，不仅为我国国家公园的立法工作做出了示范，也为今后在国家层面开展国家公园立法探索了路子，积累了实践经验。

《条例》共分八章七十七条。主要从管理体制、规划建设、资源保护、利用管理、社会参与、法律责任等方面进行了条款设定，以法条形式规定了三江源国家公园管理体制机制改革、山水林草湖一体化保护管理、“两个统一行使”、更好保护自然生态系统和自然文化遗产的完整性、原真性等内容，为依法建园提供了法律保障。《条例》颁布后，2017年7月11日，省人大法工委、省政府法制办、三江源国家公园管理局共同举行了《条例》新闻发布会，并于《条例》正式施行之日组织省有关部门召开了座谈会。2017年8月17日，三江源国家公园管理局下发《关于学习宣传贯彻〈三江源国家公园条例（试行）〉的通知》，就《条例》的学习宣传贯彻工作进行了系统安排部署。2017年底，《条例》解读工作完成，相关培训辅导教材编制完成，为全社会更好地理解和执行《条例》奠定了基础。

（二）行政规章

2016年4月11日，青海省委办公厅、省政府办公厅印发了《关于实施〈三江源国家公园体制试点方案〉的部署意见》，从八个方面明确了国家公园体制试点的主要任务。2016年9月14日，三江源国家公园体制试点领导小组第四次会议审议通过《三江源国家公园科研科普活动管理办法（试行）》《三江源国家公园生态管护员公益岗位管理办法（试行）》《三江源国家公园经营性项目特许经营管理办法（试行）》《三江源国家公园项目投资管理办法（试行）》《三江源国家公园社会捐赠管理办法（试行）》《三江源国家公园志愿者管理办法（试行）》《三江源国家公园访客管理办法（试行）》《三江源国家公园国际合作交流管理办法（试行）》等8个规范性文件，于2016年10月29日，由青海省委办公厅、省政府办公厅正式印发。

为确保财政预算的合理及安全使用，制定《三江源国家公园管理局预算管理办法（试行）》《三江源国家公园草原生态保护补助奖励政策实施方案》，经三江源国家公园体制试点领导小组专题会议研究，并报中央、国家相关部门审核同意，2016年11月29日，青海省委办公厅、省政府办公厅正式印发。

2018年以来，随着三江源国家公园体制试点工作的不断深入，相继出台两项制度。5月11日，经青海省委、省政府同意，省委办公厅、省政府办公厅正式印发了《三江源国家公园功能分区管控办法（试行）》；5月24日，经青海省委、省政府同意，省委办公厅、省政府办公厅正式印发了《关于在国家公园体制试点中积极探索创新农牧民生产经营模式的实施方案》。截至2018年底，共印发实施了12个管理办法（实施方案），环境教育管理办法等修订工作正在加紧进行，制度体系基本形成，依法建园有了根本保障，为我国国家公园制度建设起到了示范作用。

（三）标准体系

标准化体系建设是三江源国家公园规范化、制度化管理改革创新的重要举措，本着依法建园、依规建园、开放建园、科学建园、标准化建园的理念，结合三江源实际，兼具与国际接轨，经过一年多的努力，研究制定了《三江源国家公园管理规范和技术标准指南》及引用标准汇编（Ⅰ、Ⅱ、Ⅲ册），经过三江源国家公园体制试点领导小组专题会审议，于2017年12月27日正式印发执行。制定发布了《三江源国家公园标准体系导则》《三江源国家公园形象标志》《三江源国家公园术语》等青海省地方标准。为了更加规范管理，在省内外科研院所和有关部门的大力支持下，经青海省质量技术监督局的审查批准，2018年8月16日成立了由32个单位47名专家组成的“三江源国家公园标准化技术委员会”，三江源国家公园管理局成为全省第五个成立标准化技术委员会的单位。按照《三江源国家公园标准化技术委员会章程》《三江源国家公园标准化技术委员会秘书处工作细则》，研究部署标准制定和标准化体系建设计划，为三江源国家公园改革创新、建设发展、科学研究、保护管理、宣教服务和技术推广等标准的建立打下了坚实的基础，推进标准化体系建设进入规范化和常态化发展的轨道。

五、人与自然和谐共生

（一）生态管护公益岗位

1. 生态管护公益岗位按“一户一岗”设置

2015年，省农牧厅、省林业厅、省财政厅印发《关于下达新增草原湿地生态管护员指标任务》，分配三江源国家公园范围内草原、湿地生态管护员指标2554个（包括全国首批湿地管护公益岗位963个），实际落实2630个。2016年4月5日，青海省政府办公厅印发《关于青海省生态保护和服务脱贫攻坚行动计划的通知》，新增生态管护公益岗位7421个，园区内生态管护公益岗位共计10051个，实现了园区内精准扶贫建档立卡“一户一岗”全覆盖。2017年6月，根据园区内实际牧户数量，新增生态管护公益岗位7160个。至此，园区内持证上岗生态管护员共计17211个，其中：黄河源园区管委会2545个，澜沧江源园区管委会7752个，曲麻莱园区管理处2867个，治多园区管理处4047个，实现园区内牧民生态管护公益岗位“一户一岗”全覆盖（图13）。

2. 生态管护公益岗位的落实

生态管护公益岗位设置是青海省政府基于“生态保护”与“精准脱贫”两大重要责任做出的重大部署，是重大的民生工程，是国家公园体制试点的重大举措之一。三江源国家公园在具体落实中采取了“三步走”的方式稳妥推进，第一步，按照山水林草湖一体化管护要求，将原有草原、湿地、林地等管护岗位统一归并为生态管护公益岗位，统一核定管护面积、核发工资报酬，统一提出工作要求和绩效考核标准。第二步，在园区4县各选择1个村，优先从建档立卡贫困户中增补生态管护

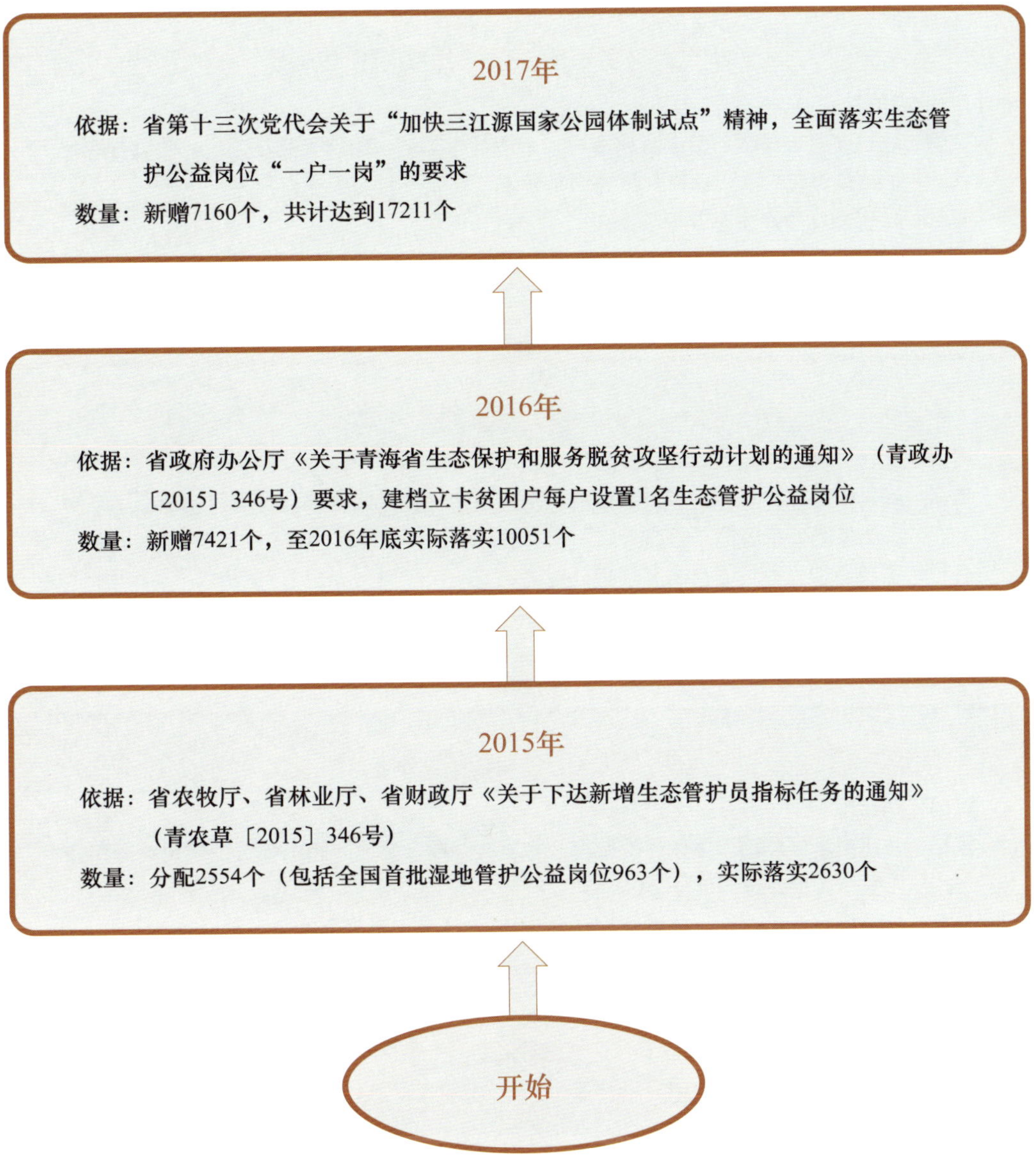

图13　三江源国家公园“一户一岗”生态管护公益岗位设置过程图

员，开展建档立卡贫困户生态管护公益岗位“一户一岗”试点示范，并逐步覆盖全部建档立卡贫困户，先期实现建档立卡贫困户生态管护公益岗位“一户一岗”的目标。第三步，再次在园区4县各选择1个村，开展园区生态管护公益岗位“一户一岗”试点示范，并逐步覆盖全部牧户，2018年全面实现园区牧户生态管护公益岗位“一户一岗”的目标（图14）。

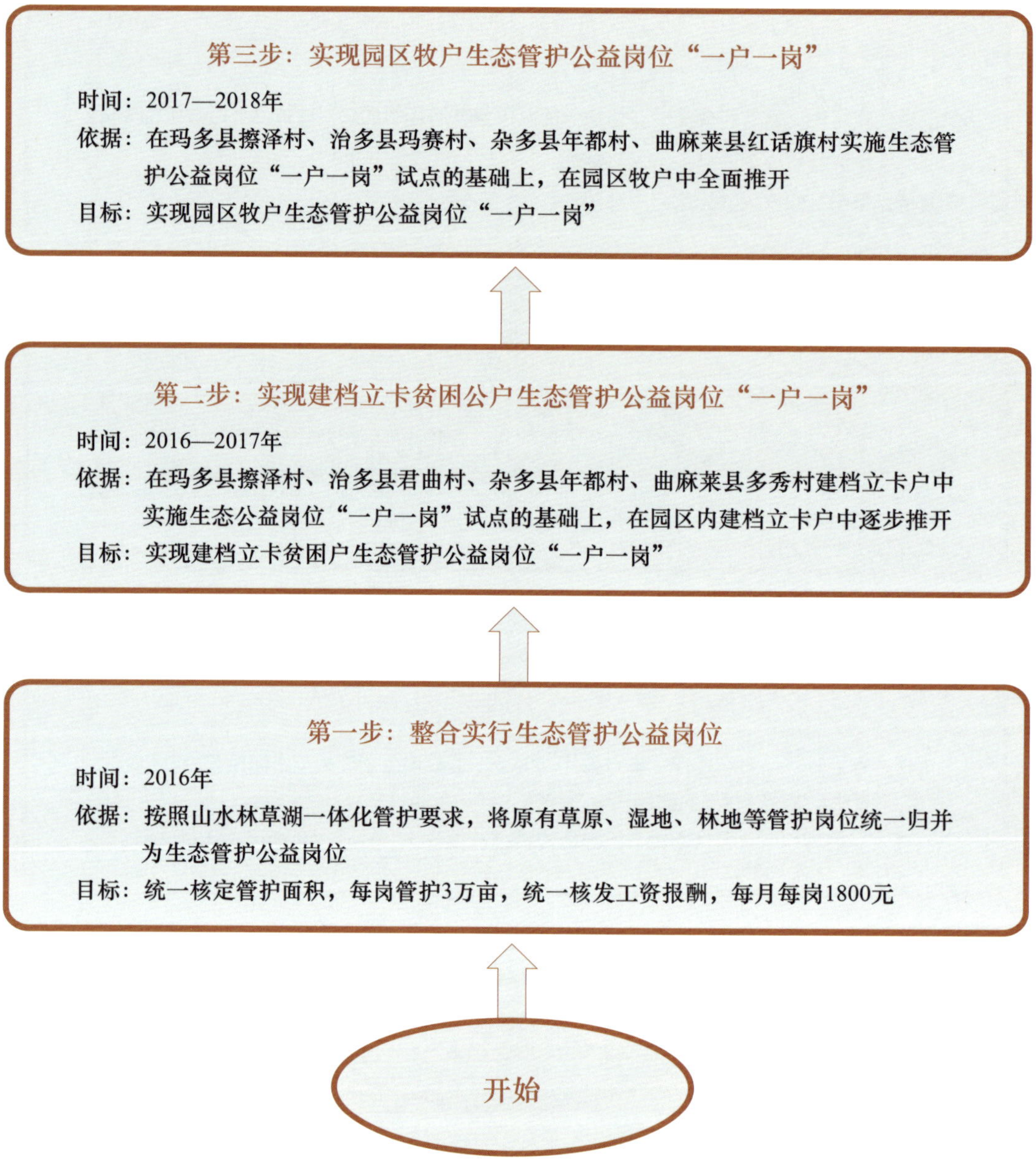

图14　三江源国家公园生态管护公益岗位“一户一岗”政策落实“三步走”示意图

建立制度保障，制定《三江源国家公园体制试点生态公益岗位机制实施方案》《三江源国家公园生态管护员公益岗位管理办法（试行）》《三江源国家公园生态管护员绩效考核实施细则（试行）》，加强生态管护公益岗位“一户一岗”政策落实前、中、后期管理。组织编印“双语”《生态管护公益岗位全员培训方案》《三江源国家公园生态管护员培训教材》《生态管护简明读本》，举办生态管护员师资培训班，各园区管委会（管理处）选送43名业务骨干开展生态管护员基本理论和实践技能培训，共分四批次培训生态管护员42252人次，提升生态管护员管护能力。各园区积极推进山水林草湖组织化管护、网格化巡查，组建乡镇管护站、村级管护队和管护小分队，统一配发队旗、巡护袖标、上岗证和巡护日志，配发巡查巡护交通工具、野外巡护装备，构建了远距离“点成线，网成面”的生态管护新格局。

3．设置生态管护公益岗位的效益

通过设置生态管护公益岗位，广大牧民保护生态的参与度明显提升，聘用的生态管护员数量约占园区内牧民总数的27.3%，且“一人被聘为生态管护员、全家成为生态管护员”的新风正在兴起，生态保护成效突出。从园区建档立卡贫困户中选聘的10051名生态管护员，每人每年可获得21600元的工资，按照人均纯收入4000元的脱贫标准，户均人口5人以下的贫困户全部实现脱贫，生态脱贫效果显现。同时，生态管护员还在党建、维稳、民族文化传承等方面发挥着重要作用，黄河源园区管委会已经率先构建“生态管护+基层党建+精准脱贫+维护稳定+民族团结+精神文明”六位一体的工作模式，并逐步开始推广（图15）。

（二）世界自然遗产地保护

进一步强化保护和管理，可可西里管理处（自然保护区管理局）重点开展大规模、高密度、高频率的专项巡山行动，严厉打击非法进入保护区的一切违法活动。每年主力巡山队完成大规模巡山不少于12次，各保护站共完成巡线、巡护400余次；每年5月底开始在马兰山附近设立临时检查站，安排4～5批队员蹲点值守严防

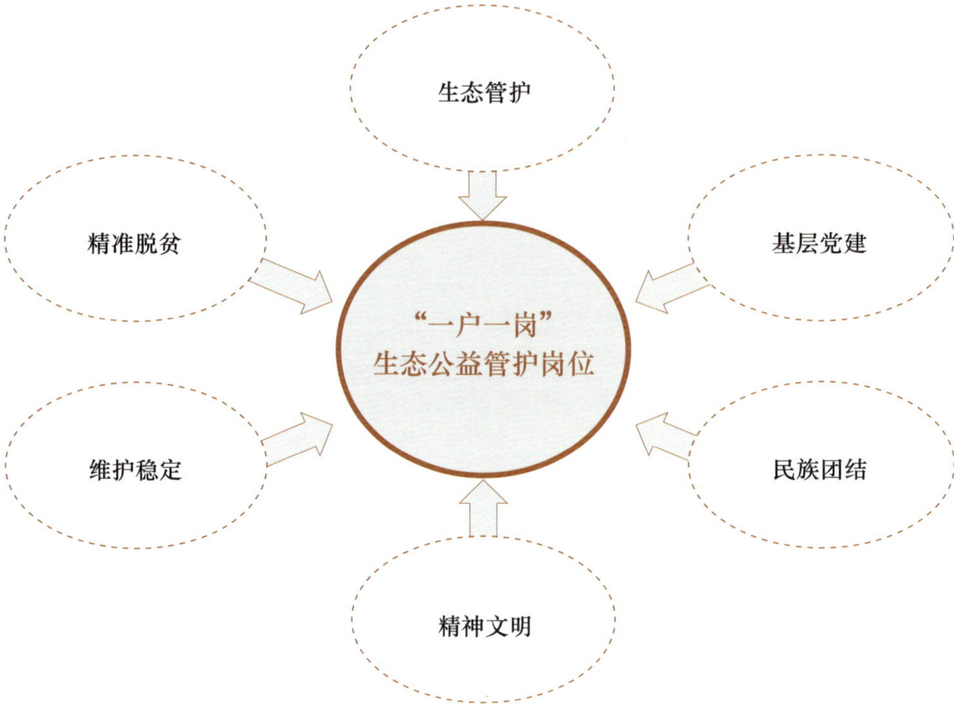

图15　黄河源区管委会构建的生态管护公益岗位“一户一岗”“六位一体”模式图

严控，并及早安排部署藏羚羊产仔以及回迁的保驾护航工作，每年进入5月份以后各站增加人员和车辆，以五道梁保护站为主，各保护站为辅，大批藏羚羊陆续经过辖区时，坚持开展巡逻，为藏羚羊安全迁徙保驾护航，同时要求各保护站人员全面掌握藏羚羊产仔期间的各项动态情况，对产仔、回迁数量、时间及相关细节做好详细的监测和统计。据五道梁保护站统计，2016—2018年藏羚羊迁徙12585只，回迁16118只，藏羚羊保护迈上新台阶。2017年7月7日，在波兰克拉科夫举行的第41届世界遗产大会上，青海可可西里世界自然遗产提名地经世界遗产委员会一致同意，正式获准列入《世界遗产名录》，成为中国第51处世界遗产，填补了青海省乃至青藏高原世界自然遗产空白。青海省严格按照世界自然遗产对入围名录的标准要求和世界先进的保护管理理念，执行《保护世界文化和自然遗产公约》，出台了《青海省可可西里自然遗产地保护条例》，创新体制机制，运用新技术新手段加强管理，全面提升可可西里世界自然遗产地现代化管理水平。2018年，三江源国家公园管理局发布公告，禁止在可可西里保护区进行非法穿越活动，做好高原湖泊、河流、冰川、冻土和沼泽湿地等资源的保护，杜绝一切破坏湿地等自然资源的违法活动。

（三）社区发挥主体作用

1．激发牧民群众参与国家公园体制试点的内生动力

三江源国家公园原住民以藏族为主，作为世居青藏高原的本土民族，过去在长期逐水草而居的游牧生活中，不仅享受体验过大自然给予的恩赐，也切身感受、亲眼目睹了高原生态系统退化过程，饱尝了生态系统脆弱给日常生产生活带来的不便，更加懂得自然资源的珍贵。在长期与大自然相处过程中，藏族人民形成了关于自然、人生的基本观念和生活方式，创造了与自然环境相适应的生态文化历史。保护自然、珍惜一切生命是当地生态文化的基本特征，体现了人与自然的和谐统一。同时，倡导人与自然和谐的生活方式，在自然资源利用与自然环境保护的关系上，更加注重保护。在物质生活与精神生活的关系上，更加注重对生态自觉的追求，创造了丰富的精神文化产品，成为中华民族优秀文化的重要组成部分。在三江源国家公园体制试点的推进过程中，青海省全面正确贯彻党的民族政策、宗教政策和新时期治藏方略，按照历次中央藏区工作会议精神，加强民族团结，不断增进园区群众对伟大祖国、中华民族、中华文化、中国共产党、中国特色社会主义的认同，有力促进各族儿女手足相亲、守望相助，共同团结奋斗、共同繁荣发展，进一步维护和巩固安定团结的和谐发展局面，三江源地区成为民族团结和社会和谐稳定的典范。同时，尊重藏文化和草原文化为主的当地民族文化传统，继承、挖掘其应有环境教育价值，加强物质和非物质遗产保护，使优秀文化世代传承，使人与自然和谐共

存的信念和文化传统得以弘扬。特别是生态管护公益岗位制度的实施，民族生态文化在内的传统文化得到尊重、传承、延续，农牧民群众生态保护主体作用得以发挥，成为生态保护最直接的利益相关者和最有积极性的保护者，使园区牧民的文化自信明显增强，进一步激发了社区牧民参与生态保护的内生动力，生态自觉持续巩固和提升。

2．强化社区支撑国家公园保护建设的管理能力

三江源国家公园范围涵盖12个乡镇53个行政村，内有19109户72074人，基本形成了“大散居、小聚居”的定居格局。除建制镇所在地和野牛沟、唐格玛、多秀等大型定居点外，其他定居点多则5户，少则1～2户，呈现出社区分布“点多、线长、面广”的特点。2017年，选择杂多县昂赛乡年都村、曲麻莱县叶格乡红旗村、治多县扎河乡玛赛村、玛多县扎陵湖乡擦泽村和可可西里索南达杰站，开展生态保护与建设示范村镇试点。总投资1769万元，重点改善社区内基础设施和公共服务设施，提升产业发展水平，率先实行建档立卡户生态管护公益岗位“一户一岗”和全体牧户生态管护公益岗位“一户一岗”试点，加强国家公园理念和环境教育，强化生态保护意识。试点完成后，将进一步强化社区支撑国家公园保护建设的管理能力，形成典型，扩大推广。

3．推动社区向现代化迈进

三江源国家公园体制试点是党中央、国务院赋予青海省的神圣职责，也是时代赋予青海省打造生态文明改革新模式的有利契机。这项改革的推进坚持以人民为中心，积极寻找保护与发展的平衡点，在最严格的生态保护中实现人民群众对美好生活的期待与愿望。 三江源国家公园体制试点与实施乡村振兴战略相结合，及时融入产业兴旺、生态宜居、乡风文明、治理有效、生活富裕的“二十字方针”，坚持

"农业农村优先发展"理念，在《三江源国家公园社区发展和基础设施建设规划》中，充分体现乡村振兴战略的总体要求和基本原则。在实际工作中及时纳入了园内乡村振兴战略的任务，在各种政策、体制机制中深度挖掘、创造条件，以三江源生态保护和建设二期、高原美丽乡村建设、草原生态保护奖励补助、生态管护公益岗位等重大工程为抓手，努力改善乡村生态环境，增加群众收入。随着国家公园体制试点任务完成及国家公园建设的全面启动，生态体验和特许经营将为社区发展注入更新活力，园区范围内及周边社区向现代化迈进的步伐将不断加快，园区将率先或与全省、全国同步实现乡村全面振兴。

（四）有效探索野生动物肇事补偿

1. 实施肇事补偿政策

野生动物肇事补偿可提高原住民对当地野生动物的容忍度，以更加积极的心态支持野生动物保护，是当今世界范围内预防和缓解人兽冲突的主要措施。2012年1月1日，《青海省重点保护陆生野生动物造成人身财产损失补偿办法》（下称《补偿办法》）颁布实施，三江源地区野生动物肇事补偿随之推行。三江源国家公园内，生态管护员负责开展人兽冲突监测和调查，在事发第一时间赶到现场，拍摄肇事照片，做好详细监测记录，为野生动物伤害补偿提供证据，并以此准确掌握园区内发生人兽冲突事件的类型、数量、概率、损失及补偿情况，以及区域内大型食肉目野生动物种群状况。截至2017年，全省共受理野生动物造成人身财产损失补偿事件5850起，补偿金额达到3051.8万元，其中三江源国家公园占15%。但随着补偿工作深入推进，补偿程序复杂、受理时限过长、补偿范围局限、与农牧业保险交叉重叠等问题和困难日益凸显，特别是新修订的《中华人民共和国野生动物保护法》对野生动物范围和致害补偿等内容做出修改。为了更好地与上位法相契合，且便于实际工作操作，省政府已将2012年出台的《补偿办法》的修订工作纳入2018年立法工作计划，今后新修订的《青海省陆生野生动物造成人身财产损失补偿办法》将有效推进人兽冲突相关问题的解决。

2．尝试建立家畜保险基金

随着生态系统不断恢复，人兽冲突日益频繁，政府补偿政策面临核准难、成本高的挑战。野生动物肇事补助新模式需不断完善。杂多县昂赛乡年都村在三江源国家公园内率先尝试建立家畜保险基金制度，每年有8000头左右的牦牛参加保险，每头牦牛缴纳保险金3元，共同纳入社会捐助和政府筹措资金。村民每损失一头牛，可以获得补偿500元。补偿基金的使用权归村委会所有，村委会设有资金管理使用委员会，下设3个由5名村民组成的审核小组，专门负责对野生动物袭击事件照相取证、实地调查、审核验证，并给予补偿。若村民保护牲畜措施得当，当年未发生牲畜被野生动物袭击现象，也能获得相应补偿。家畜保险基金的建立，激发了社区群众自我管理家畜的动力，牧民积极配合使用藏獒辅助放牧，有效减少了狼、雪豹等食肉动物对家畜的伤害。通过开展重点肇事野生动物习性研究，开辟人与动物和谐相处的新境界。

（五）牧民培训

处理好三江源地区生态保护和经济发展关系，不断提升当地群众综合素质是重要手段，三江源生态保护和建设一、二期工程均安排有农牧民培训工程。对牧民开展从事传统产业和转产转岗培训，规划培训人次14余万，培训项目注重体现生态保护、民族特色及贴近当地社会经济发展。重点培训生态保护、绿色种养技术、民族手工业、民族食品加工、家政服务、机电维修、导游与旅游管理等劳动技能。通过培训，增强牧民群众生产和生活技能，掌握生态管护的基本知识，就业渠道得以拓宽，促进家庭收入持续增加。

（六）特许经营

1. 促进绿色产业发展

立足资源禀赋、环境承载能力和产业发展基础，以生态有机畜牧业为基础，以生态体验和环境教育、特色文化、中藏药材资源开发利用产业为核心，加快产业结构调整升级，推进产业绿色发展。

生态有机畜牧业。坚持保护优先、适度发展方针，打好特色农牧业发展牌，完善天然草地利用和保护机制，统筹考虑种养规模和资源环境承载力，转变生产经营方式，优化畜产品供给结构，建立健全畜牧业现代化经营体系，推进传统畜牧业提质增效，形成适度规模经营为主导的畜牧业融合发展格局，建成草地生态畜牧业保护发展区。

生态体验和环境教育。依据三江源国家公园承担的保护、科研、教育、游憩等功能定位，树立三江源国家公园全民公益性的理念，遵循“区内体验、区外服务”的原则，在严格保护自然生态系统的原真性、完整性的基础上，依据三江源国家公园生态保护的特点，打好生态体验为主的文化旅游发展这张牌，构建完整的生态体验和环境教育体系，实现“为公众提供亲近自然、体验自然、了解自然以及作为国民福利的游憩机会”“鼓励公众参与，调动全民积极性，激发保护意识，增强民族自豪感”的目标。

特色文化产业。抓住乡村文化振兴战略与“文化名省”建设的契机，促进文化资源与现代消费需求有效对接，丰富文化业态，打造特色鲜明、优势突出的特色文化产业小镇、文化产业特色村，培养形成具有民族和地域特色的传统工艺产品，推动形成具有较强影响力和市场竞争力的特色文化品牌。

中藏药材资源开发利用。科学保护和开发利用冬虫夏草、大黄、贝母、藏茵陈等特色优势资源，建设中藏药材繁育体系、规模化原料生产基地和种质资源库，加快中藏药材标准化建设和质量认证，扶持和继承挖掘传统制药工艺，强化产品研发，推进中藏药材精深加工，延长产业链，提高附加值。

碳汇交易。积极主动作为，充分利用自然资源优势和碳汇产业的巨大潜力，大力挖掘森林、草原、湿地碳汇资源，探索开展碳汇交易，建立三江源国家公园碳汇产业发展的有效运行机制。依托三江源国家公园研究院，加强对园内森林、草原、湿地生态系统碳循环科学研究，摸清碳汇家底，建立碳汇资源储备库，提出生态系统固碳、减排的方案和增加碳汇的具体举措。开展固碳增汇技术基础研究、政策研究和碳汇核算研究，制定高寒草原碳汇计量办法和标准体系，为核算全省草原碳汇资源提供科学的依据。建立碳汇评估机构，开展碳汇资源评估，编制碳汇资源开发操作指南。实施碳汇试点项目，在实践中探索适合园区碳汇资源的开发路径，提升碳汇资源质量。

2. 产业管控

根据三江源国家公园功能定位和管理目标，以及功能分区管控要求，按照社区分类管理和发展模式，科学制定三江源国家公园产业准入正面清单和特许经营清单，优化产业空间布局，构建生产生活生态空间相对独立又有机融合的产业发展空间格局。以实现生态有效保护、资源适度高效利用、产业差异发展布局、区域集约联动为发展目标，在园区内布局产业禁止发展、资源适度利用和产业集聚发展三种不同定位的产业区块，在园区外县城和重点城镇布局产业支撑服务体系，实行差别化产业发展管控策略。

3．制度探索

对国家公园范围内的公益林、湿地、草原、天然林等补偿政策进行优化，纳入国家公园统一管理；把分布在林业、草原、水利、环保、住建、国土等部门财政和地方政府安排的专项资金进行整合，统一纳入国家公园管理，理顺资金投入的机制，发挥资金效益。为鼓励和引导社会资本参与三江源国家公园建设，保障国家利益、社会利益和特许经营者的合法权益，研究制定《三江源国家公园经营性项目特许经营管理办法（试行）》，对园区内从事营利性项目特许经营领域、条件、期限、协调机制、监督管理、利益保障、争议解决、责任约定进行规定，为园区特许经营活动开展提供依据。

（七）民生改善

1．多方式实施精准脱贫

精准脱贫是全面建成小康社会的三大攻坚战之一。国家公园范围涉及的4县均为国家扶贫开发重点县，社会发育程度低，经济结构单一，2015年园区内共有贫困人口2.4万，扶贫攻坚任务十分繁重。三江源国家公园管理局将精准脱贫纳入体制试点，专门成立了局扶贫工作领导小组，开展精准识别确定的443户1326名贫困人口结对帮扶工作，建立认亲帮户的管理台账，确定结对帮扶责任单位，制定印发年度扶贫工作方案，召开扶贫工作推进会，扶贫爱心捐款累计达33500元。借力国家公园体制试点，筹措160万元帮扶资金，帮助定点扶贫村实现村集体经济“破零”。在开展定期帮扶活动的基础上，结合业务工作进行走访帮扶活动。组织人员对治多县索加乡君曲村扶贫攻坚项目进行实地检查。在扶贫点开办手工磨制青稞炒面店、藏服饰手工加工，重点安置扶贫对象。

2. 多措施开辟就业岗位

就业是民生之本，是人民改善生活的基本前提和途径。在三江源国家公园体制试点中，特别重视实行积极的就业政策，以“生态保护”和“体制试点”为着力点，扩大就业发展思路，多渠道开放就业岗位，提供就业保障，新增就业岗位2万个以上。主要通过“五个一批”，形成扩大就业门路的“同心圆”。一是通过在园区内逐步实施“一户一岗”生态公益管护，吸纳一批劳动力就业。二是通过鼓励参与园区内基础设施、公共服务设施、生态保护等工程建设，吸纳一批劳动力就业。三是通过在园区内以草定畜，发展有机高效畜牧业，延长产业链，改变生产组织方式，细化行业分工，吸纳一批劳动力就业。四是通过园区内实施特许经营项目，吸纳一批劳动力就业。五是通过劳动力转产转业培训实现再上岗，吸纳一批劳动力就业（图16）。

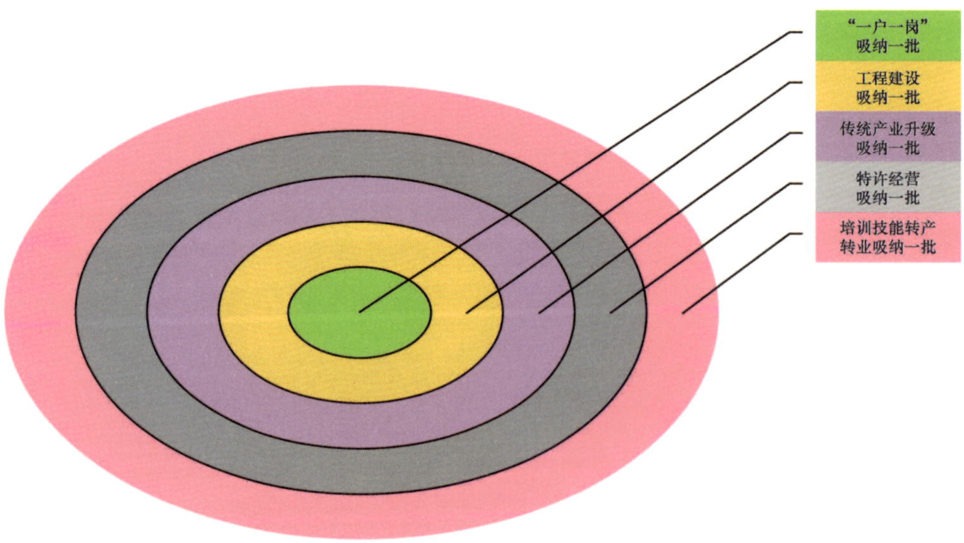

图16 三江源国家公园吸纳劳动力就业“五个一批”同心圆示意图

3. 多渠道增加牧民收入

从牧民可支配收入的四大组成为出发点，深度挖掘园区4县牧民收入增加的渠道，积极探索收入增长点。一是挖掘工资性收入增长点。在政府投资项目实施中，要求建设单位尽可能使用当地劳动力参与工程施工，及时合理支付劳动报酬；从天然林保护工程公益林管护项目和湿地管护试点项目做起，将其扩大到草原管护，最终融合形成“一户一岗”的综合性生态管护公益岗位，形成稳定的工资性收入。二是挖掘经营性收入增长点。在加强生态保护的前提下，充分利用园区内生态资源优势，发展生态体验、牧家乐、特色种养业等生态产业；改变传统畜牧业生产经营方式，发展有机畜牧业，增加产业附加值。三是挖掘财产性收入增长点。通过草地流转、入股分红、合作经营、劳动就业、自主创业等方式，建立利益联结机制，完善收益分配制度，增加资产性收益。四是挖掘转移性收入增长点。及时兑现草原生态保护奖励补助、森林生态效益补偿等资金。在以上增长点的支撑下，2017年底，园区4县牧民可支配收入达到7272元，较2015年增加1349元，年均增长10.8%（图17）。

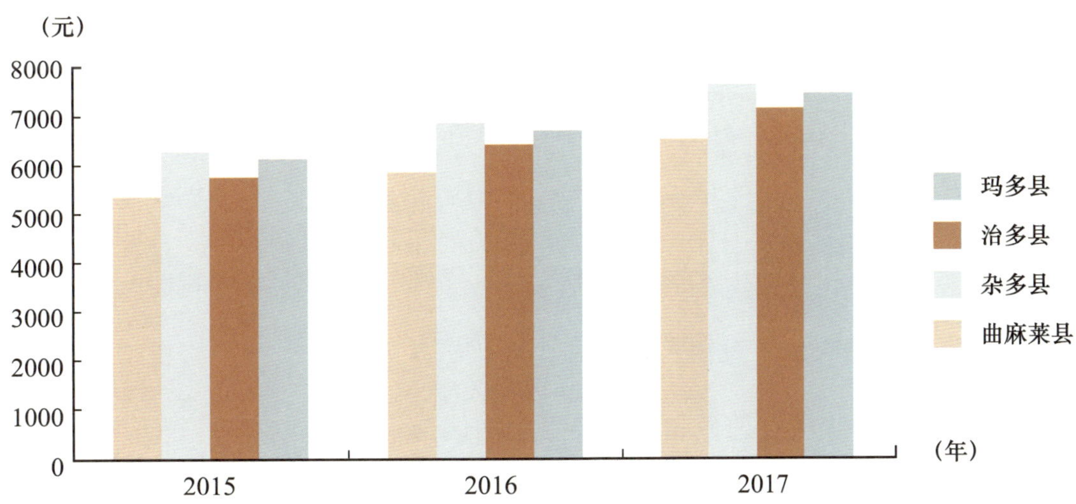

图17　三江源国家公园所在4县2015—2017年农牧民可支配收入柱状图

六、对外合作交流

（一）加强宣传教育

1. 重大新闻宣传

先后组织5次大型媒体公园行活动，得到了全社会广泛好评。邀请中央电视台、人民日报社、光明日报社、经济日报社、新华社、中新社、凤凰卫视、大公报社等108家国内外主流媒体开展“美丽江源行”“全国网络媒体三江源国家公园媒体行”等一系列大型活动，发表了3000余篇高质量、接地气的新闻稿件。有关三江源国家公园的新闻报道累计68686篇（包含转载），来青媒体记者达490余人次，中央电视台《新闻联播》、《人民日报》、人民网、新华社等核心媒体多次头版头条报道青海生态保护和国家公园建设成果和成效。

先后配合《党的生活》《学习时报》《中国环境报》《中国妇女报》《党建杂志社》等11家报刊完成专版报道。配合中央电视台、五洲传播中心、人民网、人民日报社、新华社、中国旅游报社、中央广播电台、青海电视台、青海日报社、澎湃新闻等多家媒体的大型新闻行动“喜迎十九大 藏区万里行”特别节目、“走进可可西里”“乡土”“美丽中国行”“解读中国”“中国相册”微电影、为纪念改革开放40周年摄制的大型纪录片《四十年四十个第一》、电视片《新时代 新青海》等的拍摄采访。配合完成中央电视台《直播长江》、“守护斑头雁2018”等网络直播活动。2018年11月13日，《直播长江》被评为第二季度全国优秀广播电视新闻作品。

组织编印“三江源国家公园进万家”张贴画和图册并举行配发仪式，将“三江源国家公园进万家”藏汉双语形象宣传挂图1万余张，图册2万余本，分发至各园区及农牧民手中。完成西宁机场航站楼三江源国家公园宣传窗口建设，运用高清视频、滚动大小灯箱，采用动静融合的展现形式开展持久的宣传工作。制作播出了《源出青海》动漫片。2018年8月7日，与曲麻莱管理处在五道梁保护站联合开展藏羚羊护航队授旗启动仪式，并联系中央、省内10家媒体赴可可西里实地报道，并在中央电视台《新闻联播》节目中播出。联合新华社、中国经济信息社、青海经济研究中心开展三江源每日舆情监测分析，为领导及时掌握舆情和决策提供依据。

2．生态展览陈列

筹备三江源国家公园加入中国“人与生物圈计划”，参加“人与生物圈计划”展览活动。在中华人民共和国加入联合国教科文组织“人与生物圈计划”45周年暨中华人民共和国人与生物圈国家委员会成立40周年大会上，三江源国家公园获批加入中国生物圈保护区网络。至此，三江源国家公园成为包含全国174个成员单位的网络成员，填补了青海省在中国生物圈保护区网络中的空白。同时，中国“人与生物圈计划”保护区展览活动在北京国家会议中心举行，三江源国家公园作为中国生物圈保护区网络新成员首次亮相。其间通过多媒体设备展播了三江源国家公园图片、视频，展示了用于生态监测的无人机设备，还向公众发放了“走进三江源”“美丽三江源”图册及《中国国家地理杂志》（国家公园特刊）等宣传资料、珍藏版《江源静湖》签赠画册。

2018年，三江源国家公园会同省生态保护和建设办公室、省摄影家协会联合举办“大美江源”三江源国家公园摄影大赛，生动展示了青海省生态保护的实践成果，集中反映了大美三江源的自然风貌、国家公园体制试点成效及一线生态保护工作者良好的工作状态，进一步丰富了干部职工业余生活，增强了工作的向心力和凝聚力。积极配合省委宣传部，按期保质保量提供三江源国家公园体制试点建设及成就的图片、视频等资料。在德国特里尔举办摄影展，共展出了近百幅涉及三江源国家公园自然风光、野生动植物、民族文化等方面的图片，并为德国观众现场讲解三江源自然资源、人文历史、野生动植物及国家公园体制机制试点工作情况，透过图片介绍中国三江源生态保护的成就。委托北京理工大学开展“印映江源”主题生态印的创作工作，并在北京举行了“印映江源”系列作品展，以新的艺术形式营造了更丰富的三江源生态文化宣传效果。由中国书画杂志社、三江源国家公园管理局、青海省生态保护和建设办公室主办的“大美三江源——书法篆刻邀请展”在中国书画美术馆展出，作品风格多样、形式各异，生动形象地表达了创作者对生态文明建设和三江源生态环境的赞美。在国家博物馆举行的“伟大的变革——庆祝改革开放40周年大型展览”上，三江源国家公园亮相“大国气象”主题展区，展示了中国首部国家公园规划——《三江源国家公园总体规划》，以及三江源一、二期工程生态保护成效，呈现了三江源国家公园人与自然和谐共生的现代化发展之路的生动实践，为三江源国家公园对外形象展示增添了浓墨重彩的一笔。

3．精品党课宣讲

可可西里坚守精神与“两弹一星”精神、玉树抗震救灾精神、尕布龙扎根精神、慕生忠将军开路精神一起作为青海五大精神板块，共同打造青海精神高地，生动演绎了“五个特别”的青藏高原精神，是建设新青海的强大精神动力。以此为感召，从2017年4月份至今，经过不断的深度挖掘、认真整理、精心编导和刻苦排练，打造出以可可西里巡山队员感人事迹为主题的党性教育精品课。“用信念担当用生命坚守” 可可西里坚守精神精品党课主要讲述了长年奋战在可可西里自然保护区的巡山队员们面对恶劣环境，面对生死考验，发扬坚韧不拔、乐观坚毅、执着自信、不畏艰难的个性，为挽救濒临灭绝的物种——藏羚羊，为保护可可西里的生态环境不受破坏做出卓越贡献的感人事迹。讴歌了可可西里人对党、对祖国、对脚下净土不忘初心、忠诚坚守、忘我奉献、不畏艰难，用血肉之躯铸就的伟大忠诚和坚守精神。截至目前，宣讲团先后走进政府机关、高校、企业，为省内外20多个地区、部门、单位宣讲20多场次，听众5800多人次，引起了社会各界的强烈反响。

（二）调动企业参与

牵手多方力量呵护美丽江源，形成“政府主导、企业参与、市场运作”的共建共享机制。恒源祥集团开展举行2018年“益起遇见可可西里”公益活动捐赠仪式，向可可西里管理处捐赠了为保护站工作人员量身定制的科技、智能御寒装备和生活用品，还分批在上海为可可西里守护者提供健康体检服务，未来恒源祥将联合更多社会力量乃至全世界的爱心力量，共同致力于可可西西里可持续的生态保护工作。广汽传祺以习近平生态文明思想为指导，积极参与三江源国家公园建设，2018年7月，捐赠20台GS8巡查巡护用车，为三江源国家公园巡查巡护工作保驾护航。中国太平洋保险开发了适合三江源公园特殊环境的生态类保险项目，在生态保护、野生动物保护、园区责任、财产损失等方面与三江源国家公园展开全方面合作，2018年10月，捐赠生态管护员保险保费163.20万元，为1.7万余名生态管护员人身意外伤害保险投保，保险总额高达55亿元。

（三）非政府组织助力

多家非政府组织积极参与，多领域助力三江源国家公园体制试点。三江源国家公园体制机制创新项目获得全球环境基金（GEF）支持，将于2019年5月正式启动，计划在园区内设立4个示范村，开展包括保护地管理人员培训、为人兽冲突政策制定提供技术援助、为示范村生态旅游和特许经营提供技术支持、为开展公众参与和环境教育提供技术支持等内容。三江源生态保护基金会捐赠自有资金355万元，用于三江源国家公园体制试点；青海大学等单位联合开展了黄河源区科学考察活动，完成了《三江源黄河源区科学考察报告》；与五矿国际信托有限公司共同设立了“三江源思源1号慈善信托计划”，首期募集资金50万元，开展了“直播斑头雁”“关爱三江源妇女健康义诊”活动，在果洛州选择3个村实施了“三江源生态环保示范村”试点项目。省三江源生态环境保护协会在澜沧江园区尖作村开展参与式保护试点，以水源地、水文化保护为主体，引导牧民群众、修行人员和外来游客不使用塑料制品，“打包”带走自己产生的垃圾，力争打造成青藏高原第一个“零废弃”村落，目前正在策划2019年在措池村和当曲村启动“绿色社区综合保护发展与共管模式项目”。世界自然基金会（WWF）携手广汽集团，开展捐赠及“湿地使者行”“护源有我”等志愿者环保公益活动。北京巧女基金会赴园区实地调研考察后签署合作框架协议，组织编制《国家公园擦泽示范村村落建设概念性规划》，不断深化合作机制。阿拉善SEE基金、山水、三江源生态保护协会、原上草、雪境等非政府环保组织参与合作，为共同推动国家公园体制试点各项工作献智慧、做贡献。“雪豹守望者”团队联合编制出版《三江源环保小卫士——江措》科普读物，宣传普及三江源生态保护科普知识。

（四）推进国际合作

坚持“开放建园”理念，与全国对外友协文交部、青海省外办共同签署战略合作框架协议，开辟渠道与世界各国形成互动。通过“走出去”和“请进来”两条途径，与美国、加拿大、澳大利亚、俄罗斯、德国、瑞士、日本、韩国、斯里兰卡、南非、印度尼西亚、柬埔寨、古巴等15个国家近百名大使、议员、专家及友好人士磋谈生态文明改革和国家公园发展。赴美国黄石、加拿大班夫、日本富士香根伊豆、韩国国立生态园等10多个国家公园（自然公园）参观考察，学习先进管理理念和技术。协调参加了埃及举办的《生物多样性公约》第十四次缔约国大会，向世界展示三江源国家公园形象。与厄瓜多尔国家公园、智利国家公园签署合作协议，正式建立姊妹友好关系。积极谋划与“一带一路”沿线国家加强合作，建立澜湄合作机制，寻求互相支持国家公园建设的极好机会，将国家公园体制机制与未来发展融入国家战略。开放融通中借鉴世界众家之长，在吸纳标准体系、制度建设、功能分区、科技支撑等国家公园设立国际经验基础上，学习以包容态度对待眼前各种棘手困难与问题，进一步在全社会推广国家公园理念，利用先进理念与先进技术做鲜活的展陈中心，特许经营项目实施上下协同高级别审批准入制，鼓励各类有志之士自愿加入国家公园试点团队，提高国家公园治理体系和治理能力，探索“以园哺园”“国家公园为主体的自然公园群”等新模式，为全国“建立以国家公园为主体的自然保护地体系”打造新样板，树立新旗帜（图18）。

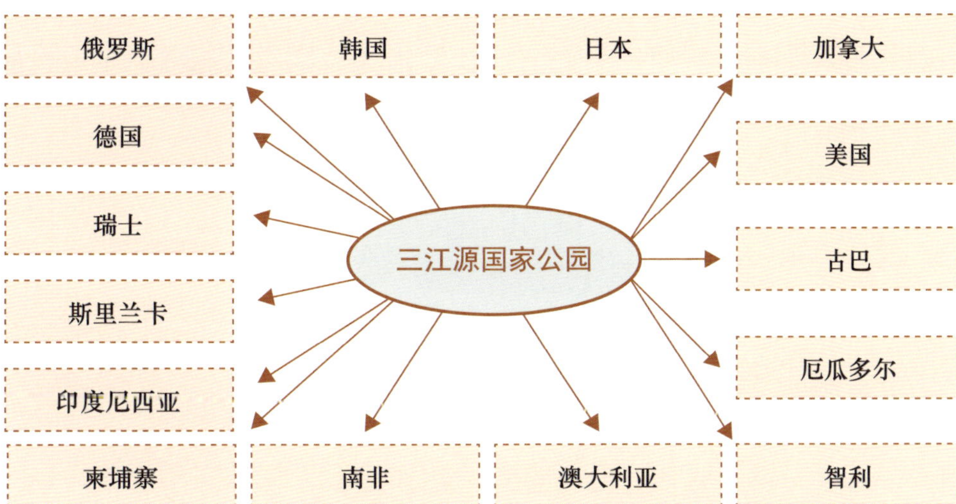

图18　三江源国家公园国际间友好往来国家示意图

（五）支持科研活动

坚持“科技建园”理念，鼓励科研院所、高等院校等依法进入三江源国家公园开展资源调查，进行科学考察活动，攻克科研难题。体制试点以来，依法申请进入三江源国家公园范围的科研团队87批次。主要开展地质调查、地质标本采集、冻土监测、水文观测、水质采样、生物多样性调查、土壤动物与微生物监测、生态环境地面监测、草地土壤环境质量调查、矿区生态恢复、人类对高寒缺氧环境适应研究、生态移民调研、无人机航拍等活动。这些科研活动，对摸清园区内自然资源现状、生态环境现状、人类生产活动和其他本底状况夯实了基础，对三江源生态保护和建设二期、三江源矿山地质环境恢复治理等重大工程建设提供了有力支持，为加速三江源生态系统恢复提供了智力支持。目前，交通运输部水运工程科学研究所《三江源自然保护区规范化保护与建设调查报告》、中国科学院南京地理与湖泊研究所《黄河源区湖泊调查工作初步报告》、中国科学院西北高原生物研究所《三江源国家公园生物多样性保护及生态系统适应性管理技术与模式》（进展报告）、《三江源国家公园星空地一体化生态监测及数据平台建设和开发应用》（进展报告）和中国科学院生态环境研究中心《三江源国家公园考察报告》5 项科研成果提交了阶段性进展报告。

七、支撑体系建设

（一）科技支撑平台

中国科学院和青海省人民政府认真贯彻落实习近平生态文明思想，以三江源国家公园建设体制试点为契机，共同谋划高起点、高标准建设中国科学院三江源国家公园研究院。2018年8月21日，中国科学院与青海省人民政府在北京举行共建“中国科学院三江源国家公园研究院”协议签约仪式。中国科学院院长白春礼、青海省委书记王建军出席并讲话。中国科学院副院长张亚平、青海省人民政府副省长田锦尘签署《中国科学院青海省人民政府共同建设“中国科学院三江源国家公园研究院”协议》。9月14日，青海省委书记王建军、中国科学院副院长张亚平在西宁市中国科学院西北高原生物研究所为新建的中国科学院三江源国家公园研究院揭牌。青海省委副书记、省长刘宁，中国科学院副院长张亚平分别致词。同日，召开研究院第一届理事会成立大会暨第一次全体会议。田锦尘副省长、张亚平副院长当选为理事长。理事会审议通过《中国科学院三江源国家公园研究院章程》和《中国科学院三江源国家公园研究院理事会议事规则》。11月3日，中国科学院三江源国家公园研究院第一届专家咨询委员会在西宁组建并举行第一次咨询会议。副省长、研究院理事长田锦尘出席会议讲话，并向专家咨询委员会的顾问和委员颁发聘书。会议审议通过了《专家咨询委员会议事规则》。研究院学术院长、专家咨询委员会副主任赵新全作《三江源国家公园研究院使命任务和展望》的报告，专家咨询委员会顾问孙鸿烈院士、南志标院士，主任傅伯杰院士、副主任魏辅文院士等参加了会议，为三江源国家公园科研发展和研究院开展工作建言献策。

中国科学院三江源国家公园研究院由中国科学院西北高原生物研究所承建，共建单位为三江源国家公园管理局和青海省科技厅，参建单位由青海大学、中国科学院生态环境研究中心、中国人与生物圈国家委员会等18个单位组成。三江源国家公园研究院起草并组织研讨了《中科院三江源国家公园研究院发展规划》，规划提出主要在生物多样性保护与生物资源利用、生态系统功能变化与可持续管理、环境变化与水资源效应、生态环境监测与大数据平台建设、体制机制与生态文化传承与环境教育研究等5个方面寻求突破，助力三江源国家公园体制机制改革和生态环境保护，形成独具特色的国家公园管理和科研体系。

（二）基础设施建设

三江源国家公园体制试点以来，对基础设施建设全面安排部署，积极争取中央财政资金，大力统筹省级财政资金，启动实施一大批基础设施建设项目，逐步完善园区内基础设施和公共服务设施。

投入情况。基础设施的建设是生态巡护和生态保护工程顺利开展的重要支撑，也是促进实现人与自然和谐共生的重要保障。三江源国家公园体制试点以来，在中央和地方财政的大力支持下，安排基础设施建设项目中央预算内及各级配套专项资金共计10.84亿元，先后启动实施了三江源国家公园范围内门禁系统、保护监测设施、科普教育服务设施、森林公安派出所、巡护道路、园区办公区富氧工程、生态保护体制机制示范村、园区标识识别设施、大数据中心等建设项目，为提升三江源国家公园形象、保护三江源区域生态环境、改善民生、完成脱贫攻坚、完善公共服务设施和加强生态保护基础设施奠定了基础。

建设进展。2016—2018年，启动实施了三江源国家公园展陈室建设、园区卫星通信网络系统建设、标识识别系统、巡护道路6条、保护监测设施26处、森林公安派出所16处、科普教育服务设施5处、门禁系统12处、大数据中心建设、园区富氧工程建设、生态保护体制机制示范村、办公楼维修等建设项目。截至2018年底，三江源国家公园展陈室建设项目完成设计；园区卫星网络系统建设补足了三江源区域各监测分系统联网能力不强的短板，初步建成了保护站点固定卫星传输和应急移动网络传输基础；巡护道路建设项目已基本完成前期工作，部分项目已开展路基施工；大数据中心已完成存贮基地建设和硬件设备安装，数据构架已具雏形；4处园区办公楼已完成改造并投入使用。

（三）人才队伍建设

根据三江源国家公园体制试点工作需求，分层次立体化加强人才队伍建设。2018年，经省人才工作领导小组同意，中国空间技术研究院航天恒星科技有限公司（503所）测绘地理信息事业部副部长王剑同志入选第三批青海“高端创新人才千人计划”，为三江源国家公园管理局生态监测中心柔性引进人才。与青海大学签订合作框架协议和人才培养协议，在生态环境工程学院开设国家公园专业相关课程，设立国家公园专业班，首批具有藏汉双语水平的82名学生入班学习，成为我国第一个国家公园专业学科，在2018年公开招录计划中定向青海大学三江源国家公园专业人才培养班招录事业单位人员7名、森林公安辅警1名。两年累计招录公务员13名、事业单位人员30名、选调生3名、军转干部4名、遴选公务员1名、森林公安辅警75名和考核聘用2名高级专业技术人员，壮大了干部队伍，增加了新鲜血液，充实了技术力量。选派干部参加省委组织部、省委党校等举办的培训班60余期，参训200人次左右。制定《三江源国家公园管理局系统人员培训方案》，以提高局系统干部理论水平、政策法规、综合能力为重点，有序开展干部队伍培训，举办各类专业技术人才培训班30余期，培训干部1500人次。

（四）智慧国家公园

三江源国家公园信息化建设以“智慧三江源一张图”为基础，构建公园时空大数据体系；以数据共享为前提，实现横向联动与纵向贯通；以高性能技术为支撑，实现超大规模数据服务；以应用为突破点，支持公园智能化管理平台建设。

完成生态大数据中心一期项目建设。建立了国家公园云管理系统和为管理、科研服务具备云计算能力的大数据平台，完成数据存储管理、传输管理和信息安全的基本软硬件建设，包括数据展示平台接口、卫星通信视频对接接口、大数据中心平台接口、安全系统对接接口、地理信息对接接口、数据管理平台对接接口、安全运营平台接口等系统集成工作已完成。

开展生态大数据中心二期建设。在三江源国家公园生态大数据中心一期项目建设的基础上，建设统一、规范、标准的三江源国家公园人类活动与生态系统基准数据生产。完成15米分辨率（用于生态系统管理，在外网向社会公开服务）和亚米级分辨率（用于人类活动管理，在内网运行）基础地理信息基准建设及重点区域三维展示模块的建设。初步实现园区各类多源异构时空数据在统一时空框架下的标准处理、整合统筹、动态接入、直观展示与可信决策，为园区生态保护、环境监测、监察执法、高效管理、科研宣教、社区发展等人类活动与生态系统提供空间信息基准支撑。加快开展生态大数据中心三期项目前期工作，全面建成“三江源国家公园生态大数据中心”，实现三江源国家公园管理局智能化管理，立足长远，面向未来，使之成为三江源国家公园的“智慧中心、科技中心、管理中心和应用中心”。

科技助力智慧建园。2018年9月10日，三江源国家公园管理局与航天集团中国空间技术研究院签署了“天地一体化信息技术国家重点实验室——三江源国家公园分室”合作协议，重点研究卫星遥感、卫星通信传输、无人机、地面遥感感知、时空大数据挖掘等空间信息技术与产品，优化“天空地一体化”生态监测和广域卫星通信系统传输技术体系，推动空间信息在三江源地区的人类活动与生态系统基准建设、环境监测采集与评估以及环境变化规律挖掘等特色领域的应用理论研究、技术攻关与产品推广。

三江源国家公园体制试点，是时代赋予青海的神圣使命，也是党中央交给青海的重要政治任务，青海各族人民将更加紧密地团结在以习近平同志为核心的党中央周围，以习近平生态文明思想为指导，以“三个最大”的要求为遵循，进一步科学把握新时代生态文明建设和全省生态环境保护的新趋势、新任务、新要求，扎实推进“一优两高”战略，积极研究探索三江源生态保护和建设工程与国家公园体制试点融合推进的新路径，坚持三江源地区生态保护、民生改善、绿色发展、社会和谐稳定统筹推进，矢志不渝守护好三江源绿水青山，确保“一江清水向东流”“中华水塔”坚固又丰沛。

附件1：

三江源森林资源本底调查成果

青海省林业和草原局
三江源国家公园管理局

（2019年1月）

建立法规依据充分、地理基础统一、资源边界清晰、资源状况明了的自然资源的空间分布、数量、等级、状况的自然资源本底，是实现三江源国有自然资源资产严格保护、有效管控、高效利用的重要基础，是自然保护地建设工作的重要内容。

受三江源国家公园管理局委托，2018年6月，青海省林业调查规划院在三江源国家公园自然资源资产确权登记成果的基础上，启动了三江源国家公园、可可西里世界自然遗产地及三江源国家级自然保护区森林资源本底调查工作。本次调查严格按照《森林资源规划设计调查技术规程》《森林资源调查卫星遥感影像图制作技术规程》《自然保护区功能区划技术规范》等相关技术规范，通过野外调查与最新国情普查影像数据结合遥感技术，对森林资源、重点保护物种分布进行了调查并形成专项成果。成果通过了省林业和草原局依照现行法规、规范和标准组织的专家审查，并于2019年1月与三江源国家公园管理局联合以白皮书形式发布。

本次调查的主要成果如下。

1．三江源国家公园林地资源总面积为29.9万公顷，其中：有林地面积0.74万公顷；疏林地面积0.45万公顷；灌木林地面积8.13万公顷；宜林地面积20.68万公顷。

2．三江源国家级自然保护区按18个保护分区划分，林地资源总面积224.88万公顷，包括：有林地面积22.72万公顷；疏林地面积4.06万公顷；灌木林地面积94.09万公顷；未成林地面积2.76万公顷；苗圃地面积74.82公顷；宜林地面积101.25万公顷。

3．三江源国家级自然保护区按行政区域划分，林地资源总面积为516.12万公顷，包括：玉树州（玉树市、囊谦县、杂多县、称多县、曲麻莱县、治多县）林地资源总面积198.64万公顷；果洛州（玛沁县、玛多县、久治县、甘德县、班玛县、达日县）林地资源总面积200.29万公顷；海南州（兴海县、同德县）林地资源总面积52.93万公顷；黄南州（泽库县、河南县）林地资源总面积64.26万公顷；格尔木市唐古拉山镇林地资源总面积132.92公顷。

4．可可西里世界自然遗产地林地资源总面积8.52万公顷，包括：灌木林地面积2.77万公顷；宜林地面积5.75万公顷。

5．三江源国家公园、可可西里世界自然遗产地及三江源国家级自然保护区重点保护植物油麦吊云杉资源分布总面积为14.23平方千米，全部分布在泽库县麦秀林区；唐古特大黄资源分布总面积为7180平方千米，集中分布在果洛州、黄南州南部；川西獐牙菜资源分布总面积为2270平方千米，集中分布在玉树州东南部的称多县、玉树市、囊谦县；羌活资源分布总面积为1700平方千米，主要分布在阿尼玛卿山地区东部、巴颜喀拉山地区及鄂拉山的灌丛地带；华福花资源分布总面积为0.0004平方千米，主要分布在玉树市和囊谦县；狭叶红景天资源分布总面积为1.32万平方千米，主要分布在果洛州；暗紫贝母资源分布总面积为8740平方千米，主要分布在果洛州班玛县和久治县；短管兔耳草资源分布总面积为1.18万平方千米，主要分布在西倾山、阿尼玛卿山、巴颜喀拉山等地区；五脉绿绒蒿资源分布总面积为1万平方千米，主要分布在西倾山地区、阿尼玛卿山地区东部及鄂拉山地区；沙棘资源分布总面积为7850平方千米，主要分布在西倾山地区、阿尼玛卿山地区、巴颜喀拉山地区。

省林业和草原局、三江源国家公园管理局正在三江源国家公园大数据平台建设基础上，建立三江源国有自然资源基础信息平台和自然资源综合管理信息服务平台，促进信息共享，服务三江源生态保护、自然资源管理和科研、宣教、自然体验与环境教育等活动，并进一步完善生态监测体系，持续提升年度监测评价和定期评估制度。同时，依规向国家保护地管理部门和联合国教科文组织世界遗产中心报备。

附件2：

三江源草地资源本底调查成果

青 海 省 农 业 农 村 厅
三江源国家公园管理局

（2019年1月）

建立法规依据充分、地理基础统一、资源边界清晰、资源状况明了的自然资源的空间分布、数量、等级、状况的自然资源本底，是实现三江源国有自然资源资产严格保护、有效管控、高效利用的重要基础，是自然保护地建设工作的重要内容。

受三江源国家公园管理局委托，2018年6月，青海省草原总站在三江源国家公园自然资源资产确权登记成果的基础上，启动了三江源国家公园、可可西里世界自然遗产地及三江源国家级自然保护区草地资源本底调查工作。本次调查严格按照《三江源国家公园、可可西里世界自然遗产地及三江源国家级自然保护区草地资源调查实施方案》《草地分类》《草原资源与生态监测技术规程》《全国草原综合植被盖度监测技术规程（试行）》《天然草地退化的分级指标》等相关技术规范，通过野外调查与最新国情普查影像数据结合遥感技术，对草地资源、退化草地、重点保护植物分布进行了调查并形成专项成果。成果通过了省农业农村厅依照现行法规、规范和标准组织的专家审查，并于2019年1月与三江源国家公园管理局联合以白皮书形式发布。

本次调查的主要成果如下。

1．三江源国家公园草地资源总面积为995.85万公顷，其中：长江源园区草地资源面积708.66万公顷，黄河源园区草地资源面积162.63万公顷，澜沧江源园区草地资源面积124.56万公顷。草地类型主要有高寒草甸类、高寒草原类、高寒荒漠类和山地草甸类四大类。草地未退化面积为216.90万公顷，草地退化面积为778.96万公顷（其中轻度退化面积308.04万公顷，中度退化面积335.97万公顷，重度退化面积134.95万公顷）。草地平均产草量为1393.48千克/公顷，平均可食产草量为1129.32千克/公顷，草地综合植被盖度为53.85%。

2．三江源国家级自然保护区草地资源总面积为1244.73万公顷，草地类型有高寒草甸类、高寒草原类、山地草甸类、温性草原类和高寒荒漠类五大类。草地未退化面积为351.41万公顷，草地退化面积893.32万公顷（其中轻度退化面积372.70万公顷，中度退化面积231.59万公顷，重度退化面积为289.03万公顷）。草地平均产草量为2336.15千克/公顷，平均可食产草量为1838.24千克/公顷，草地综合植被盖度为66.72%。

3．可可西里世界自然遗产地草地资源总面积507.51万公顷，草地类型有高寒草甸类、高寒草原类和高寒荒漠类三类，其中：遗产地草地资源面积315.82万公顷，缓冲区草地资源面积191.69万公顷。未退化面积为387.28万公顷，退化面积120.23万公顷（其中轻度退化面积为53.41万公顷，中度退化面积为48.71万公顷，重度退化面积为18.11万公顷）。草地平均产草量为737.97千克/公顷，平均可食产草量为636.45千克/公顷，草地综合植被盖度为28.39%。

4．经实地监测，发现33种三江源区重点保护植物，分别为达乌里秦艽、短管兔儿草、高山龙胆、黑蕊虎耳草、华福花、青海虎耳草、青海茄参、梭罗草、椭圆叶花锚、掌叶大黄、中麻黄、青藏雪灵芝、青海雪灵芝、甘肃雪灵芝、小缬草、青海玄参、麻花艽、簇生柴胡、黑柴胡、蕨麻、狭叶红景天、鸡爪大黄、小果白刺、川西獐芽菜、抱茎獐芽菜、西南手参、驼绒藜、甘草、青海披碱草、青海野青茅、暗紫贝母、梭砂贝母、轮叶黄精，广泛分布于调查区域。

省农业农村厅、三江源国家公园管理局正在三江源国家公园大数据平台建设基础上，建立三江源国有自然资源基础信息平台和自然资源综合管理信息服务平台，促进信息共享，服务三江源生态保护、自然资源管理和科研、宣教、自然体验与环境教育等活动，并进一步完善生态监测体系，持续提升年度监测评价和定期评估制度。同时，依规向国家保护地管理部门和联合国教科文组织世界遗产中心报备。

附件3：

三江源湿地资源本底调查成果

青海省林业和草原局

三江源国家公园管理局

（2019年1月）

建立法规依据充分、地理基础统一、资源边界清晰、资源状况明了的自然资源的空间分布、数量、等级、状况的自然资源本底，是实现三江源国有自然资源资产严格保护、有效管控、高效利用的重要基础，是自然保护地建设工作的重要内容。

受三江源国家公园管理局委托，2018年6月，青海省林业调查规划院在三江源国家公园自然资源资产确权登记成果的基础上，启动了三江源国家公园、可可西里世界自然遗产地及三江源国家级自然保护区湿地资源本底调查工作。本次调查严格按照《森林资源调查卫星遥感影像图制作技术规程》《自然保护区功能区划技术规范》《全国湿地资源调查技术规程》《湿地信息分类与代码》《青海省湿地资源调查实施细则》等相关技术规范，通过野外调查与最新国情普查影像数据结合遥感技术，对湿地资源进行了调查并形成专项成果。成果通过了省林业和草原局依照现行法规、规范和标准组织的专家审查，并于2019年1月与三江源国家公园管理局联合以白皮书形式发布。

本次调查的主要成果如下。

一、三江源国家公园

三江源国家公园湿地资源总面积为214.83万公顷，其中：河流湿地资源面积为30.96万公顷；湖泊湿地资源面积为54.00万公顷；沼泽湿地资源面积为129.71万公顷；人工湿地面积0.16万公顷。

二、三江源国家级自然保护区

三江源国家级自然保护区湿地资源总面积为318.63万公顷，其中：河流湿地资源面积为45.49万公顷；湖泊湿地资源面积为53.17万公顷；沼泽湿地资源面积为219.78万公顷；人工湿地资源面积为0.19万公顷。

三、可可西里世界自然遗产

可可西里世界自然遗产地湿地资源总面积为107.85万公顷，其中：河流湿地资源面积为20.14万公顷；湖泊湿地资源面积为37.99万公顷；沼泽湿地资源面积为49.71万公顷。

省林业和草原局、三江源国家公园管理局正在三江源国家公园大数据平台建设基础上，建立三江源国有自然资源基础信息平台和自然资源综合管理信息服务平台，促进信息共享，服务三江源生态保护、自然资源管理和科研、宣教、自然体验与环境教育等活动，并进一步完善生态监测体系，持续提升年度监测评价和定期评估制度。同时，依规向国家保护地管理部门和联合国教科文组织世界遗产中心报备。

附件4：

三江源水资源本底调查成果

青 海 省 水 利 厅
三江源国家公园管理局

（2019年1月）

建立法规依据充分、地理基础统一、资源边界清晰、资源状况明了的自然资源的空间分布、数量、等级、状况的自然资源本底，是实现三江源国有自然资源资产严格保护、有效管控、高效利用的重要基础，是自然保护地建设工作的重要内容。

受三江源国家公园管理局委托，2018年6月，青海省水文水资源勘测局严格按照《中华人民共和国水法》《中华人民共和国水文条例》《地表水环境质量标准》《地下水质量标准》《水资源评价导则》《青海省水功能区划（2015—2020年）》等相关法律、法规、标准和《三江源国家公园、可可西里世界遗产地、三江源国家生态保护综合试验区水资源本底调查实施方案》，充分收集水文气象站点资料，并结合野外实地调查，形成了大量水文、水资源、水质等基础数据。在此基础上，对降水、蒸发、径流、泥沙、水质等水文要素进行分析计算，得到相关调查成果。成果通过了省水利厅依照现行法规、规范和标准组织的专家审查，并于2019年1月与三江源国家公园管理局联合以白皮书形式发布。

本次调查的主要成果如下。

一、降水量成果

三江源国家公园多年平均（1956—2016年，下同）降水深328.9毫米，2017年降水深355.5毫米；三江源国家生态保护综合试验区多年平均降水深405.1毫米，2017年降水深438.3毫米；可可西里世界遗产地多年平均降水深285.1毫米，2017年降水深321.2毫米。

二、地表水资源量成果

三江源国家公园多年平均地表水资源量为84.35亿立方米，2017年地表水资源量为96.54亿立方米；三江源国家生态保护综合试验区多年平均地表水径流量为484.0亿立方米，2017年地表水资源量为568.8亿立方米；可可西里世界自然遗产地多年平均地表水径流量为25.18亿立方米，2017年地表水资源量为38.15亿立方米。

三、水资源总量成果

三江源国家公园多年平均水资源总量为84.35亿立方米，2017年水资源总量为96.54亿立方米；三江源国家生态保护综合试验区多年平均水资源总量为488.4亿立方米，2017年水资源总量为574.6亿立方米；可可西里世界自然遗产多年平均水资源总量为25.18亿立方米，2017年水资源总量为38.15亿立方米。

四、水资源质量成果

（一）河流悬移质泥沙

三江源国家公园、可可西里世界遗产地、三江源国家生态保护综合试验区内的河流多属于少沙河流。大部分地区输沙模数低于200吨/平方千米，仅在黄河龙羊峡至贵德段河谷及沿线支流下游输沙模数超过1000吨/平方千米。

（二）地表水水质

1．天然水化学类型

三江源河流矿化度、总硬度总体呈西高东低的特点，水化学类型总体上从东部的重碳酸盐类钙组向西部的氯化物类钠组转化，以重碳酸盐类钙组分布最广。

2．地表水质量

三江源国家公园、可可西里世界自然遗产地、三江源国家生态保护综合试验区参与评价的河流，水质均达到或优于Ⅱ类标准。

3．湖库营养状况

调查的三江源区主要湖库中，青海湖、扎陵湖和鄂陵湖水质类别为Ⅱ类，均处于中营养状态。

4．水功能区水质

三江源国家公园、可可西里世界自然遗产地、三江源国家生态保护综合试验区内参与评价的29个水功能区，均达到水功能区水质目标。

5．水源地水质

三江源内建制市和县级政府所在城镇的集中式饮用水水源地以及供水人口大于1万人的农村人饮用水水源地水质满足《生活饮用水卫生标准》要求，地表水水源地水质均达到Ⅰ类，地下水水源地水质均达到Ⅱ、Ⅲ类。

省水利厅、三江源国家公园管理局正在三江源国家公园大数据平台建设基础上，建立三江源国有自然资源基础信息平台和自然资源综合管理信息服务平台，促进信息共享，服务三江源生态保护、自然资源管理和科研、宣教、自然体验与环境教育等活动，并进一步完善生态监测体系，持续提升年度监测评价和定期评估制度。同时，依规向国家保护地管理部门和联合国教科文组织世界遗产中心报备。

BULLETIN

of

Three-river-source National Park

2018

Qinghai Provincial People's Government

China Forestry Publishing House

I Overall progress

A. Development orientation and major requirements of the pilot project of the national park system

Qinghai boasts a picturesque landscape lined with hundreds of lucid rivers and lush mountains. As the "source of three rivers" and "Chinese water tower", Qinghai has a prominent strategic position in overall national sustainable development. The protection of the local ecological environment is closely related to the overall national ecological security and the long-term interests and sustainable development of the Chinese nation. The CPC Central Committee and the State Council have always attached great importance to the ecological protection of Three-river-source, and successively established Three-river-source National Nature Reserve, launched the first and second phases of the Three-river-source Ecological Protection Project, and set up the Three-river-source National Ecological Protection Comprehensive Experimental Zone. Through unremitting efforts, the regional ecological environment has obviously improved, the ecological protection system and mechanism have become increasingly sound, the production and living standards of farmers and herdsmen have been steadily improved, greatly contributing to the national ecological security barrier.

Since the 18th CPC National Congress, under the guidance of Xi Jinping's thought on ecological civilization, Qinghai Provincial Party Committee and Provincial Government have firmly shouldered the historic responsibility of protecting ecological environment. They submitted a *Pilot Plan for Establishment of National Park System in Three-river-source* (hereinafter referred to as the "Pilot Plan") to the Central Government in November 2015. On December 9, General Secretary Xi Jinping presided over the meeting of the Central Leading Group for Deepening Overall Reform, which reviewed and adopted the Pilot Plan.

On March 5, 2016, the General Office of the CPC Central Committee and the General Office of the State Council officially released the Pilot Plan. Three-river-source became the first pilot of China's national park system approved by the CPC Central Committee and the State Council. The goal of the pilot project of the national park system in Three-river-source set out in the Pilot Plan is to build Three-river-source National Park into a demonstration area for ecological protection and restoration on the Qinghai-Tibet Plateau, a jointly built and shared pioneer area for harmonious coexistence between man and nature and a nature conservation display and eco-cultural inheritance area on the Qinghai-Tibet Plateau.Through painstaking practice, development and innovation, efforts have been made to turn the Three-river-source National Park into a business card for the progress of China's ecological civilization, a model for the protection of China's important ecological security barrier and a pure land for future generations. Meanwhile, the Pilot Plan proposes five major tasks, i.e. to highlight and effectively protect and restore the ecosystem, explore a model for harmonious development between man and nature, innovate the management system and mechanism of ecological protection, and establish a long-term mechanism for financial safeguard, and expand social participation in an orderly manner.

During the deliberations of the Qinghai delegation to the fourth session of the 12th National People's Congress, General Secretary Xi Jinping stressed, "a pilot project for a brand new national park system will be carried out in the Three-river-source area of more than 120,000 square kilometers. Efforts have been made to find a way to change the approach to 'water control by nine dragons (or different stakeholders)' and realize the 'two unified exercises' (unified exercise of responsibilities all natural resources assets owners, unified exercise of all land and space control and ecological protection and restoration responsibilities), reflecting the spirit of reform and accountability. It is necessary to start and implement this pilot project well, protect the ecosystems of source areas such as glaciers and snow-capped mountains, rivers, lakes and wetlands as well as alpine meadows, accumulate experience in protection and management that can be replicated and popularized, and strive to promote the harmonious development between man and nature. " During his inspection tour of Qinghai from 22 to 24 August that year, General Secretary Xi Jinping stressed that "protecting the sources of the three Rivers and the 'Chinese Water Tower' is an unshakable responsibility of Qinghai, and we cannot afford to take risks at all." "The greatest value, responsibility and potential of Qinghai lies in its ecosystem. Ecological civilization must be put in a prominent position to strive for. At the end of 2015, the Central Leading Group for Deepening Overall Reform approved your Pilot Plan for the Three-river-source National Park, which is the first pilot of the national park system in China, and it is also an approach to explore a brand new system. It is necessary to take positive actions in exploring good experiences in the development of ecological civilization and write a new chapter for beautiful Qinghai, China."

General Secretary Xi Jinping's important instructions and exhortations further clarify the strategic position of Qinghai in national and even global ecological security, and are the fundamental mandate and action guide for Qinghai to promote the development of ecological civilization in a down-to-earth manner. They have provided a strong psychological driving force and policy safeguard for the pilot project of the national park system in Three-river-source. The Qinghai provincial Party Committee and provincial government have firmly implemented General Secretary Xi Jinping's major requirements and set the goal of "tamping the basic work in one year, completing the pilot mission in two years and setting up a national park in five years" (Figure 1).

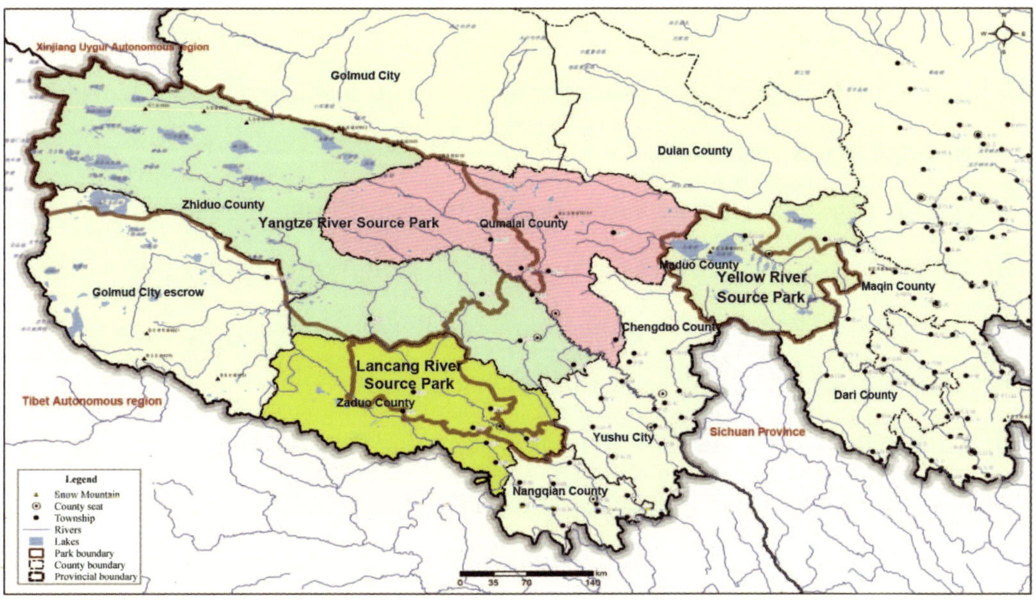

Figure 1 Schematic diagram of administrative divisions of Three-river-source National Park

B. Major work finished since the launch of the pilot project

Over the past three years, Qinghai Province has given full play to the advantages of the pilot policy, regarded the innovation of the system and mechanism as the "root" and "soul" of the pilot system, and successively implemented a series of unprecedented reforms. It has established the concept of building a national park according to law, green development, public involvement, science-based approach, wise use, harmonious development, sustainable approach, opening up, culture-based design and quality first. The planning regime, policy regime, standard regime, ecological protection regime, operation regime of institutions, human resources regime, multiple input regime, science and technology support regime, monitoring and evaluation system, project development regime, publicity and education regime, public participation regime, cooperation and exchange mechanism as well as community participation regime of Three-river-source National Park have gradually taken shape. They have changed the situation of "water control by nine dragons (or different stakeholders)", solved the problem of "fragmentation" in law enforcement and supervision, straightened out the relationship between the ownership of natural resources and the administrative authority, and achieved tangible and obvious results and breakthroughs, and opened up a pathway to innovation of the national park system with characteristics of Three-river-source and Qinghai.

Building a large department management system, optimizing and reorganizing all kinds of protected areas

Through the transfer of human resources and the integration of functions, the integrated management entities at the provincial, prefectural, county, township and village levels have been established to realize the protection and integrated management of all ecological elements. The reform of a large department system in the four counties involved in the three parks has been carried out, and the components of the county government have been streamlined, giving rise to a sound pattern of rational division of labor and orderly cooperation between the park management committee and the county government. The malpractice of the management system, including multi-branches of government, overlapping functions and division of responsibilities, has been fundamentally solved. According to the principle of integrated management and protection of mountains, rivers, forests, grassland and lakes, the functions of nature reserves, important wetlands, important drinking water source reserves, natural heritage sites and other protected areas within the Three-river-source National Park have been reorganized and optimized for centralized and unified management to enhance the integrity, connectivity and coordination among the functional zones of the park. A baseline survey of natural and wildlife resources in Three-river-source has been carried out to establish a data platform for resources in Three-river-source, and a white paper on the baseline natural resources in Three-river-source National Park has been released. Hoh Xil has been included in the World Heritage list.

Strengthening institutional building and the rule of law and promoting the establishment of a long-term mechanism for development of national parks

The Master Plan of Three-river-source National Park, the first national park plan in China, has been compiled and released, and five earmarked plans have been drawn up, i.e. ecological protection, management, community development and infrastructure of Three-river-source National Park. In accordance with the procedures, *Regulations on Three-river-source National Park (for trial implementation)* have been promulgated and implemented, and 12 management measures have been issued, such as scientific research and popularization, public posts for ecological management and protection in Three-river-source National Park. According to the existing relevant national, trade and local standards, *Three-river-source National Park Management Standards and Technical Standards Guide* has been compiled and released, which defines the current management standards and reference standards for national park development.

Establishing a mechanism for herdsmen to participate in joint development and consolidating the foundation for public involvement in ecological protection

The local authority has accurately grasped the relationship between the herdsmen getting rid of poverty and becoming prosperous and ecological protection of the national park, innovated the establishment and implementation of the public posts mechanism for ecological management and protection, and fully realized the "one household one post" in the park. A total of 17,211 ecological rangers with certificates have taken up posts. Over the past three years, a total of RMB 434 million have been invested, the average annual income of households has increased by RMB 21,600, and accident injury insurance has been purchased for them as a whole, which plays a safeguarding role in lifting herdsmen out of poverty and consolidating the achievements of poverty reduction. The local authority has promoted the institutionalized management and protection as well as griddized patrol of mountains, rivers, forests, grasslands and lakes, set up township management and protection stations, village-level management and protection teams, and built a long-distance management and protection regime of "turning point into line and net into plane". Local herdsmen have gradually changed from grassland users to ecological rangers, promoting harmonious symbiosis between human development and ecological environment.

Establishing the concept of ecological protection first, and promoting green development in an all-round way

Emphasis has been placed on the implementation of infrastructure development, the second phase of the Three-river-source project, wetlands conservation, biodiversity conservation and other projects. Through the development of ecological animal husbandry cooperatives, a bold attempt has been made to turn contracted management of grassland to franchising in a stepwise manner. Herdsmen are encouraged and supported to engage in ecological experience in the park, environmental education services and other jobs so that they will be able to obtain stable and long-term benefits from participating in ecological protection and park management, promoting a rise in their income and prosperity. Four villages in the park and the Hoh Xil Suonandajie Protection Station were selected for implementation of the pilot project of the demonstration village of ecological protection and development mechanism in Three-river-source National Park. The space for urban development has been expanded through enhancing public service capacity, which will gradually meet the needs of farmers and herdsmen in changing jobs, transfer to civilian jobs and shift to other products, and achieve the goal of reducing people and livestock.

Speeding up the improvement of the environmental quality and constantly meeting the growing needs of people for a beautiful ecological environment

A judicial cooperation mechanism for ecological protection has been established with Qinghai Provincial People's Procuratorate and Qinghai Provincial Higher People's Court. The Three-river-source Ecological Court of People's Court of Yushu City was established, and the Rule of Law Research Society for Three-river-source National Park set up. A legal adviser system for Three-river-source National Park has been established to give full play to the role of judicial protection of the ecological environment. Special operations code named "Lucid Water", "Green Sword" and "Green Shield", routine patrol and law enforcement actions have been carried out one after another, enhancing the level of managing and building the park in accordance with the law. The local authority has firmly carried out rectification and reform in response to the feedback from central environmental protection inspectors, comprehensively verified the remains of human activities in Three-river-source National Park, national nature reserves and the Hoh Xil World Natural Heritage site, safeguarding the ecological security of Three-river-source region.

Coordinating the advantages of all kinds of resources and tamping the foundation for development of national parks

The local authority has established strategic cooperation with China Aerospace Science and Technology Group Company and Chinese Academy of Sciences to implement the development project of Three-river-source National Park Ecological Big Data Center and make full use of the latest satellite remote sensing technology for local ecological monitoring. The provincial government and the Chinese Academy of Sciences have jointly set up Three-river-source National Park Research Institute of Chinese Academy of Sciences to strengthen the scientific research and technical level of Three-river-source National Park. Training sessions for cadres, ecological rangers and technicians from Qinghai province, prefectures, counties and townships have been hosted, and courses related to national parks have been set up in School of Engineering for Ecological Environment of Qinghai University, which has gradually improved the professional level and management capacity. The local authority has developed strategic cooperation with social organizations and enterprises such as WWF and Beijing Qiaonyu Foundation. The Sixth Joint Working Meeting of New Nature Reserves on the Qinghai-Tibet Plateau was organized and a cooperation mechanism for ecosystem protected areas was established with Xinjiang, Tibet, Gansu, Yunnan and other provinces and regions. The local authority is coordinating the establishment of a joint development and sharing mechanism for the protection of the ecological environment with the distribution provinces of the Yangtze River, the Yellow River and the Lancang River.

Opening up to the world in building the national park, strengthening international cooperation and exchanges and publicity and promotion

Cooperation and exchange agreements have been officially signed with Yellowstone National Park of the United States, Banff national park of Canada, and the national parks of Ecuador and Chile. The local authority has signed a memorandum of understanding on the tripartite cooperation with the department of Cultural Exchange of the Chinese People's Association for Friendship with Foreign Countries and the Provincial Foreign Affairs Office to promote jointly the international cooperation of Three-river-source National Park. Representatives of Three-river-source National Park were invited to participate in a series of cultural exchange events organized by the General Administration of Cultural Heritage Research and Protection of the State of Rheinland-Pfalz, Germany, attend the Fourteenth Conference of the Contracting Parties to the United Nations Convention on Biological Diversity held in Egypt, and join the National Committee of China's Man and Biosphere (MAB) Programme. The local authority has joined the central mainstream media in launching a series of more than 2,000 reports, and carried out a large-scale interview activity with 54 national media outlets in the "National Media Trip of Three-river-source National Park." The image logo and identification system of Three-river-source National Park were identified and released. Shooting, production and broadcast of two documentaries including *Chinese Water Tower* and *Green Source of Rivers* and 19 advertising films for the national park were completed. *Chinese Water Tower* won both the National Top Ten Documentary Award and the

Best Photography Award.

C. Attaching great importance to new situations and issues

There is no ready-made experience for reference in the trial of the national park system in Three-river-source. It is a process of practice while summing up, re-practice and re-summary, and continuous improvement of the exploration process. With the progress of the pilot project, it is inevitable that some new situations and problems will emerge, which need to be correctly understood and solved step by step.

First, more job needs to be done to build a national park with international influence. Qinghai Province has made great efforts to build a national park with international influence. However, the ecosystem integrity of the pilot project still needs to be scientifically evaluated, and the basic work such as the final delimitation of the park and registration of the ownership of natural resources needs to be strengthened. The coordination of ecological protection and green development, the consistency of livelihood policies inside and outside the park, development of supporting regimes for public involvement, conflicts between people and animals, safeguards of the park development funds and other issues need to be studied in-depth, and there is a long way to go.

Secondly, the effective mechanism of national park management system needs to be further strengthened. Straightening out the institutional mechanism is the primary task of the pilot project of the national park system. Although great breakthroughs have been made, the institutional mechanism of vertical management and "mutual benefit, mutual assistance and mutual promotion of common development" among local governments at all levels needs to be strengthened in an all-round way. The delimitation of the national park does not coincide with the administrative boundary of the four counties, the administrative division has not been adjusted after the demarcation of the park. The staffing size for establishment of the park management entity has not been raised, and the original institutions of the four counties have been short of professional and technical expertise for a long time. Now, the local authority has to undertake not only the important task of "highlighting and effectively protecting and restoring the local ecosystem" of the national park, but also take into account the ecological protection missions inside and outside the park. The management capacity cannot fully meet the needs of development of the national park. Although *Regulations on Three-river-source National Park* have been promulgated, the area of Three-river-source National Park overlaps the area of Three-river-source National Nature Reserve by nearly 95%. The infrastructure development that meets the requirements of ecological protection, production and livelihood of indigenous people during the pilot period is still restricted by the laws and regulations of the Nature Reserve. *Regulations on Three-river-source National Park* has not be effectively implemented.

Thirdly, the task of ecological protection and development of national parks is still heavy. After a long period of unremitting ecological protection and improvement, the degradation trend of the ecosystem in the source of the three Rivers has been initially alleviated, but the overall trend of degradation of the regional ecological environment has not yet been fundamentally curbed. Grassland degradation, desertification, soil and water erosion and other problems still exist. Three-river-source National Park is in the stage of full ecosystem restoration, covering an area of nearly 14 Yellowstone National Parks or 19 Banff National Parks. Black soil patch still takes up 80% of the degraded grassland in the park, 60% of the desertified land has not been fully managed, and 38% of the natural grassland has not been converted from grazing land to grassland, and local rodent damage still needs to be curbed. In order to achieve the goal of ecological protection and restoration, i.e. "overall recovery and improvement, ecological health and functional stability", increased and sustained efforts need to be made.

Fourthly, the reform and development bonuses of the national park system have not yet been effectively released. Since the start of the pilot project, the per capita disposable income of herdsmen in the national park has been RMB433 and RMB647 higher than the average of Yushu and Guoluo prefectures respectively, by insisting on the coordination of ecological protection and improvement of people's livelihood, and integrating with targeted poverty alleviation and eradication. Compared with the whole province and even the whole country, however, the gap is still very wide. The "combination boxing spectrum" for the green development of Three-river-source National Park has just been put into use, the transformation from ecological benefits to economic benefits will take some time, and the development bonus of the park has not yet been effectively released. It still needs unremitting efforts to meet the yearning of the herdsmen living in the park for a better life.

Fifthly, the scientific and technological power to serve efficiently the development of the national park is still comparatively weak. The establishment of the national park system is a brand new work in China, the previous research, theory, the knowledge reserve are insufficient, therefore the pilot project is facing the restraints of science and technology support. The regimes of management and technical standards, in particular, need to be in line with international standards. Unified registration of natural resources, baseline survey, demarcation of the boundary of natural resources assets owned by the whole people, monitoring indicators and technical regimes are important issues facing the development of national parks, which needs more scientific and technological support.

II Management system

A. Establishment of institutions

a. Institutional building

On May 11, 2016, the General Office of the Qinghai Provincial CPC Committee and the General Office of the Provincial Government approved *The Institutional Plan for the Pilot Project of the National Park System in Three-river-source*, which clarifies that the establishment of the Three-river-source National Park Administration (underway), concurrently named the Three-river-source National Nature Reserve Administration, will be based on the Provincial Three-river-source National Nature Reserve Administration established by the provincial Forestry Department. The plan also defines the institutional establishment, staffing and functional position. On June 7, the Three-river-source National Park Administration (underway) was launched. On September 27, the State Commission

Office for Public Sector Reform issued *An Official Written Reply on the Establishment of the Three-river-source National Park Administration in Qinghai Province*. On November 16, the Qinghai Provincial CPC Committee and the Provincial Government released *A Circular on the Establishment of the Three-river-source National Park Administration*, and the Three-river-source National Park Administration was officially established. A brand of Qinghai Hoh Xil World Natural Heritage Site Management Authority was put up in the Yangtze River Source Area Management Committee and the corresponding management offices, increasing the responsibility of natural heritage protection and management. Meanwhile, in order to strengthen the management of Three-river-source National Nature Reserve, the brand of sub-areas of conservation management authority has been retained in the corresponding areas. On August 22, 2017, the State Commission Office for Public Sector Reform and the National Development and Reform Commission issued *An Official Written Reply on the Pilot Implementation Plan for Improving the National Natural Resources Assets Management System for Three-river-source National Park*, agreeing to establish the Three-river-source State-owned Natural Resources Assets Administration. At the end of the same year, the Three-river-source National Park Administration was added the brand of the Three-river-source State-owned Natural Resources Assets Administration, and the National Park Administration Committee (Management Office) was also added the brand of Three-river-source State-owned Natural Resources Assets Administration Branch (Figure 2).

b. Institutional setup

In the early days of preparation for the institutional setup, the Three-river-source National Park Administration, the Management Committees for the Yangtze River Source Park, Yellow River Source Park and Lancang River Source Park were set up using 354 staffing transferred from the existing establishment of the province. In order to further strengthen the work force, in January 2018, the Provincial Commission Office for Public Sector Reform approved an additional 51 staffing (including 20 government staffing and 31 staffing of public institutions), and the establishment of 2 additional internal offices and 3 public institutions (including 1

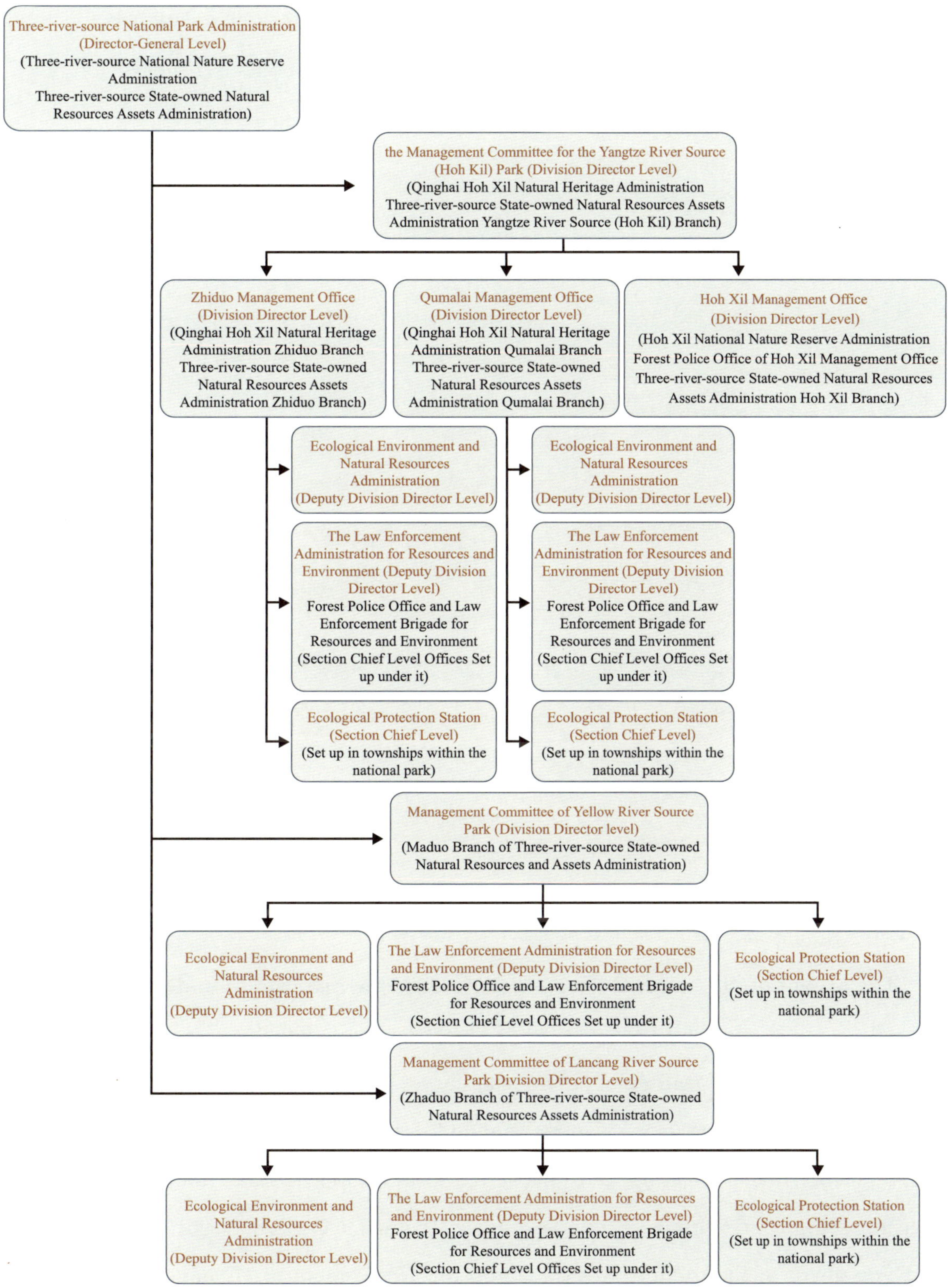

Figure 2 Institutional structure of Three-river-source National Park

transferred established institution). So far, the Three-river-source National Park Administration has 405 staffing, including 80 government staffing, 124 forest police staffing (excluding 74 auxiliary police officers) and 201 staffing of public institutions (Figure 3).

Figure 3 Institutional setup of Three-river-source National Park management system

The organs of the National Park Authority and the institutions under the Authority

The establishment of the authority has 152 staffing, including 46 government staffing, 81 forest police staffing, 25 staffing of public institutions. The existing 13 government staffing of the Provincial Three-river-source National Nature Reserve Administration has been 13 and the 81 special forest police staffing were transferred to the National Park Authority. In addition, 2 staffing from six departments, i.e. the former Provincial Department of Land Resources, the Department of Environmental Protection, the Department of Housing and Urban and Rural Development, the Department of Water Resources, the Department of Agriculture and

Animal Husbandry, the Bureau of Poverty Alleviation and Development respectively, and 1 government staffing from the provincial Finance Department were transferred to the National Park Authority.There are 20 new government staffing and 25 new staffing of public institutions. There are seven internal offices, including the Party and Government Office (concurrently the Policy and regulations Office), the Ecological Protection Office (concurrently the Ecological Environment Assessment Office), the Planning and Finance Office (concurrently the franchise Office), the Law Enforcement Supervision Office (concurrently the Forest Public Security Department of Three-river-source National Park, and Forest Public Security Bureau of Three-river-source National Nature Reserve), Natural Resources Assets Management Office, International Cooperation and Scientific Education and Publicity Office, Human Resources, Publicity and Education Division. There are three public institutions under the National Park Administration, including the Information Center for Ecological Monitoring, the Ecological Exhibition Display Center and the Three-river-source Ecological Protection Fundation Office. Meanwhile, the Party Committees are established in accordance with the procedures for the establishment of party organizations (Figure 4).

Figure 4 Institutional setup of Three-river-source National Park administration

Park Management Committee (Management Office)

The staffing of the committee totals 253, including 34 government staffing, 43 special forest police staffing (auxiliary police quota of 74) and 176 staffing of public institutions. The total staffing was made up and transferred from Yushu Prefecture, Guoluo Prefecture, Zhiduo County, Qumalai County, Zaduo County and Maduo County, including 9 staffing from the Management Committee of the Yangtze River Source Park, 49 staffing (8 government staffing, 8 special forest police staffing and 33 staffing of public institutions), 49 staffing for Qumalai Management Office (8 government staffing, 8 special forest police staffing and 33 staffing of public institutions), 43 staffing for Hoh Xil Management Office (14 special forest police staffing and 29 staffing of public institutions) (Figure 5), 55 staffing for the Management Committee of Yellow River Source Park (10 government staffing,6 special forest police staffing and 39 staffing of public institutions) (Figure 6), and 48 staffing for the Management Committee of Lancang River Source Park (8 government staffing,7 special forest police staffing and 33 staffing of public institutions) (Figure 7). The Ecological Environment and Natural Resources Administration was established on the basis of integrating the relevant responsibilities of the land, environmental protection, forestry, water conservancy and other departments of the county government. The Law Enforcement Administration for Resources and Environment is set up on the basis of integrating the forest police, land law enforcement, environmental law enforcement, grassland supervision, fishery law enforcement and other law enforcement agencies affiliated to the county-level government, and administers the forest police brigade and the resources and environment law enforcement brigade. Ecological Protection Stations are set up on the basis of integrating forest stations, grassland workstations, soil and water conservation stations, wetlands conservation stations and other agencies of natural resources and ecological protection. The 12 township governments within the national park put up the brand of protection and management stations. Meanwhile, in accordance with the procedures for the establishment of party organizations, the Management Committees (Management Offices) of each park set up Party Committees respectively.

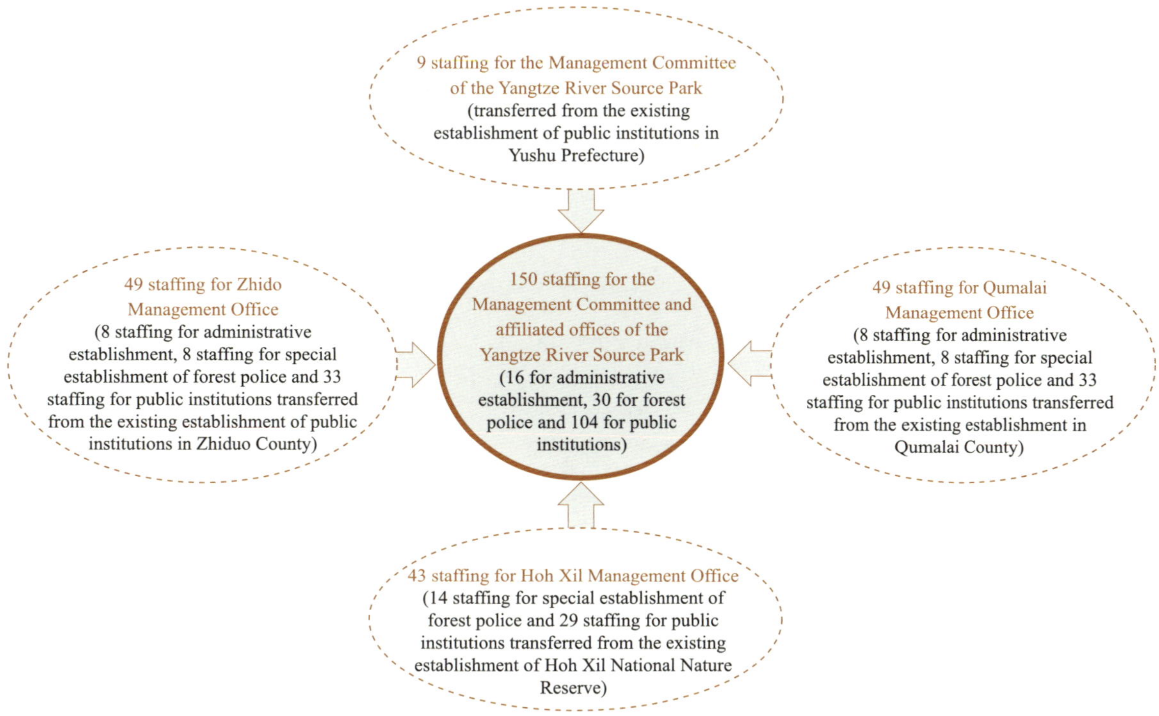

Figure 5 Institutional setup of the Management Committee and affiliated offices of the Yangtze River Source Park

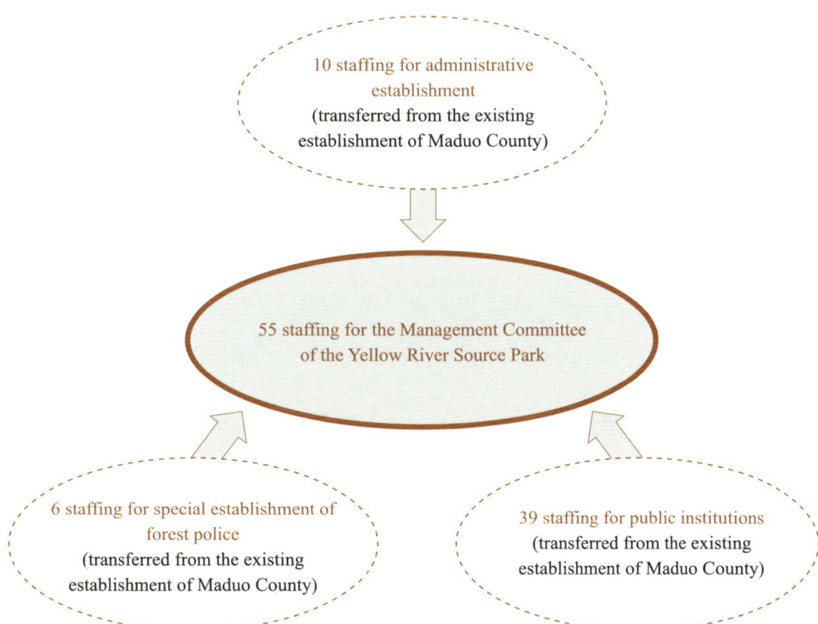

Figure 6 Institutional setup of Management Committee of Yellow River Source Park

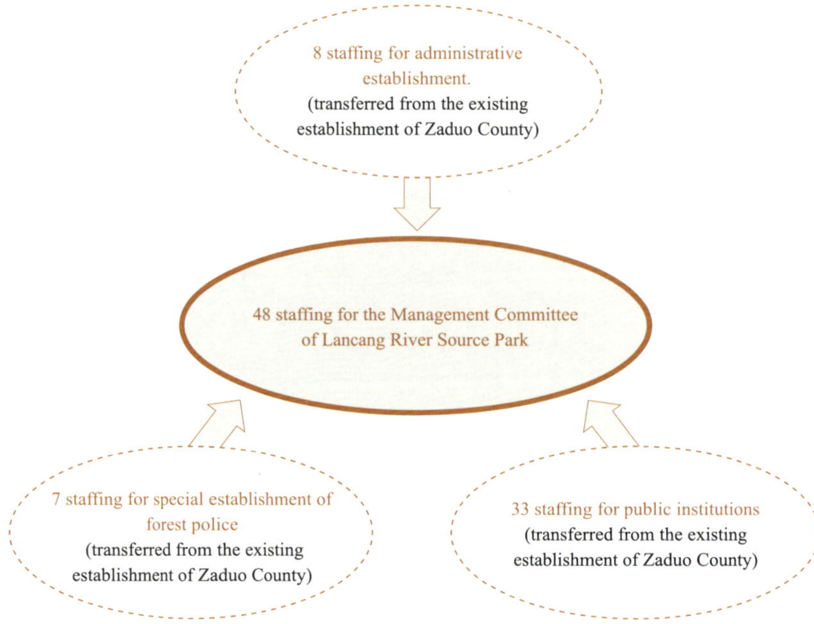

Figure 7　Institutional setup of Management Committee of Lancang River Source Park

B. Clearly defined rights and responsibilities

a. Assuming the responsibility of "dual pilot project" of the national park system and the natural resources assets management system

The ownership of natural resources in Three-river-source National Park is exercised directly by the central government, and the Qinghai provincial government is entrusted by the central government to act on its behalf during the pilot period. The Three-river-source National Park Administration, established as an agency of the provincial government, is responsible for the "dual pilot project" of the Three-river-source national park system and the sound national natural resources assets management system, and exercises the corresponding management responsibilities. The Administration implements the relevant principles and policies of the CPC Central Committee, the State Council, the Provincial Party Committee and the Provincial Government on the pilot projects of the national park system and the improvement of the national natural resources assets management system. It organizes the drafting of laws and regulations on Three-river-source National Park and Three-river-source National

Nature Reserve, and is responsible for the supervision and implementation after approval. The Administration is responsible for the unified exercise of all natural resources assets management duties and land use control of Three-river-source National Park and Three-river-source National Nature Reserve, assumes the responsibilities as owners of state-owned natural resources assets, and exercises stricter protection in accordance with the law. It organizes the survey, monitoring and evaluation of natural resources and prepares the balance sheet of natural resources. It is responsible for the management and proceeds from the transfer of use rights of state-owned natural resources, establishing and ensuring the implementation of the Compensated use system, franchise system and payment for ecological services mechanism of state-owned natural resources assets. The Administration assumes the responsibility of maintaining and increasing the assets of state-owned natural resources in Three-river-source National Park and Three-river-source National Nature Reserve.

It takes the responsibility of the development, management and maintenance of infrastructure and public service facilities in Three-river-source National Park and Three-river-source National Nature Reserve.

It is also responsible for the formulation of financial management policy for Three-river-source National Park, developing the budget proposal for earmarked fund of the national park, formulating the departmental budget and ensuring the implementation, organizing, managing and guiding the raising and use of all kinds of earmarked funds for the national park. The Administration is responsible for the management of scenic spots, geological parks, wetlands parks, water conservancy scenic spots and diversity conservation sites and other protected areas within the Three-river-source National Park and Three-river-source National Nature Reserve.

It is responsible for coordinating the major issues of ecological protection and development of Three-river-source National Park and Three-river-source National Nature Reserve, and establishing ecological protection, development guidance mechanism and assessment and evaluation system.

It is responsible for franchising, social participation, publicity and promotion of Three-river-source National Park. It carries out scientific research and monitoring in Three-river-source National Park and Three-river-source National Nature Reserve. It undertakes other tasks assigned by relevant ministries, the Provincial Party Committee and Provincial Government and the leading group of the pilot project of national park system in Three-river-source.

b. Developing a joint contribution mechanism with local governments with a clear-cut assignment of responsibility and joint coordination

A joint-contribution mechanism of Three-river-source National Park with clear-cut assignment of responsibility and reasonable division of labor has been established to mobilize the enthusiasm of provinces, prefectures and counties at all levels, strengthen local responsibilities, and establish a vertical and horizontal leadership system. At the provincial level, a leading group for the pilot project of national park system in Three-river-source was set up in time, with major governors of the Qinghai Provincial CPC Committee and the Provincial Government as "dual group leaders". Yushu and Guoluo prefectures have also set up leading groups for the pilot project of Three-river-source National park system, which are responsible for coordinating and promoting the implementation of the system within their jurisdiction in accordance with the deployment requirements of the Provincial Party Committee, Provincial Government and the leading group for the pilot project of national park system in Three-river-source. The Secretary of the Party Committee and Director of the Management Committee of the Yangtze River Source (Hoh Xil) Park are concurrently held by a leader of the Yushu prefectural government. The Secretary of the County Party Committee and the County Magistrate of Maduo, Zaduo, Zhiduo and Qumalai are concurrently Secretaries and Directors of the Party Committee (Management Office) of the park's administrative committee (management office). The full-time Deputy Secretary and the full-time Deputy Director of the Management Committee (Management Office) also serve as Deputy Party and Government officials in the county where they are located. The leaders of internal and subordinate organs of the Management Committee (Management Office) shall hold cross-posts with the relevant departments of the county government. For the protection and management stations set up by the township government, the stationmaster and the deputy stationmaster are concurrently acting as the secretary of the township Party Committee and the Mayor of the township. The three park management committees of the Yangtze River Source (Hoh Xil), the Yellow River Source and the Lancang River Source are under the dual leadership of the Three-river-source National Park Administration and the Prefecture Government, and are mainly administered by Three-river-source National Park Administration. The Ecological Environment and Natural Resources Administration established by the management committees (management offices) of each park are under the dual leadership of the management committees (management offices) and the county governments to which they belong, and are mainly administered by the management committees (management offices). They are responsible for ecosystem protection, unified use control, unified and standardized management of mountains, rivers, forests, grassland and lakes inside and outside park within the jurisdiction of the county. The Law Enforcement Administration for Resources and Environment is under the dual leadership of the management committee (management office) and the county government, and is mainly under the management of the management committee (management office). It is responsible for integrated law enforcement of resources and environment inside and outside the park within the jurisdiction of the county in accordance with the law. The ecological protection stations set up by the management committees (management offices) of each park undertake ecological management and protection inside and outside the park within the jurisdiction of the county. The 12 townships within the national park have been given the additional responsibilities related to the management of the national park. The management committee (management office) is responsible for the management of natural resources, ecological protection, franchising, social participation, publicity and promotion inside and outside the park. The local county government exercises the responsibilities of comprehensive coordination of economic and social development (including national parks), public services, social governance and market supervision, and no longer exercises the responsibilities of the owners of state-owned natural resources assets in the pilot area. At the same time, the institutional reform of local county government aims to explore a large department system with harmonized functions in accordance with the principles of ecological protection as a priority, harmonization of functions, effective coordination between the Party and Government and effective support of staffing by integrating with the pilot project of the national park system.

C. Integrated law enforcement

a. Strengthening the management system for integrated law enforcement of natural resources

It is one of the important parts of the pilot project of the national park system in Three-river-source to solve the problem of "fragmentation" of natural resources law enforcement and supervision. In the course of the pilot system, a new ecological protection management system with clearly defined ownership, rights and responsibilities, strict law enforcement and effective supervision has taken shape, with a reasonable division of labor and clearly defined rights and responsibilities among the law enforcement departments. They perform their respective duties, infiltrate each other, complement each other, and cooperate with each other in implementing the basic principles and realizing the fundamental objectives of ecological protection and management (Figure 8). At the same time, the institutions and functions of the 16 forest police

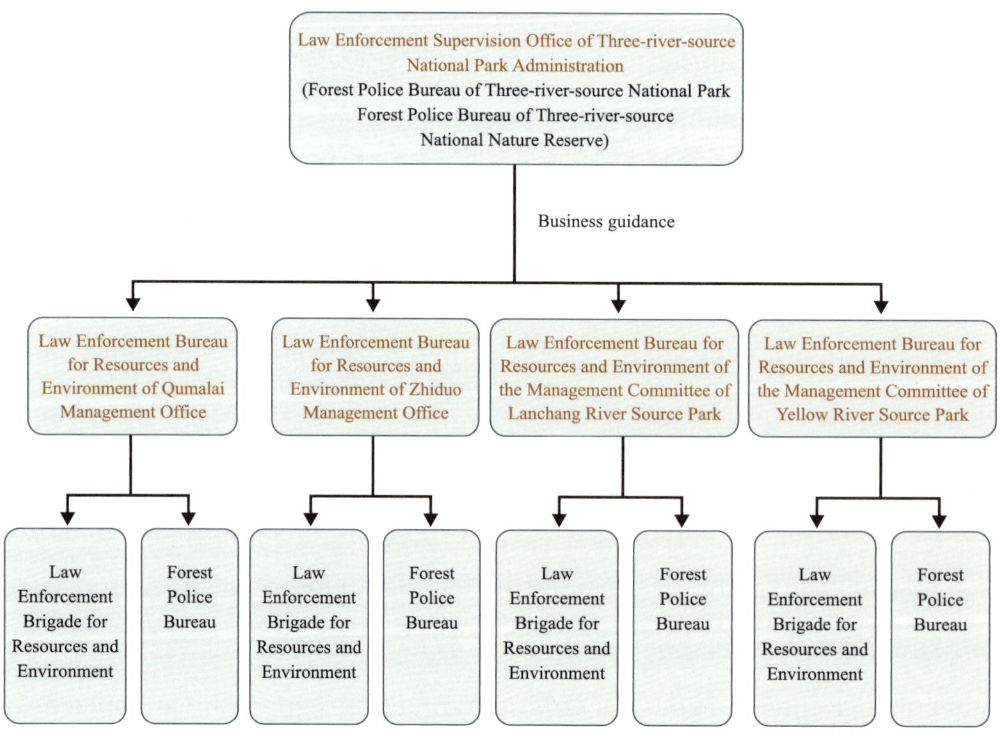

Figure 8 "Three-level" integrated law enforcement system in Three-river-source National Park

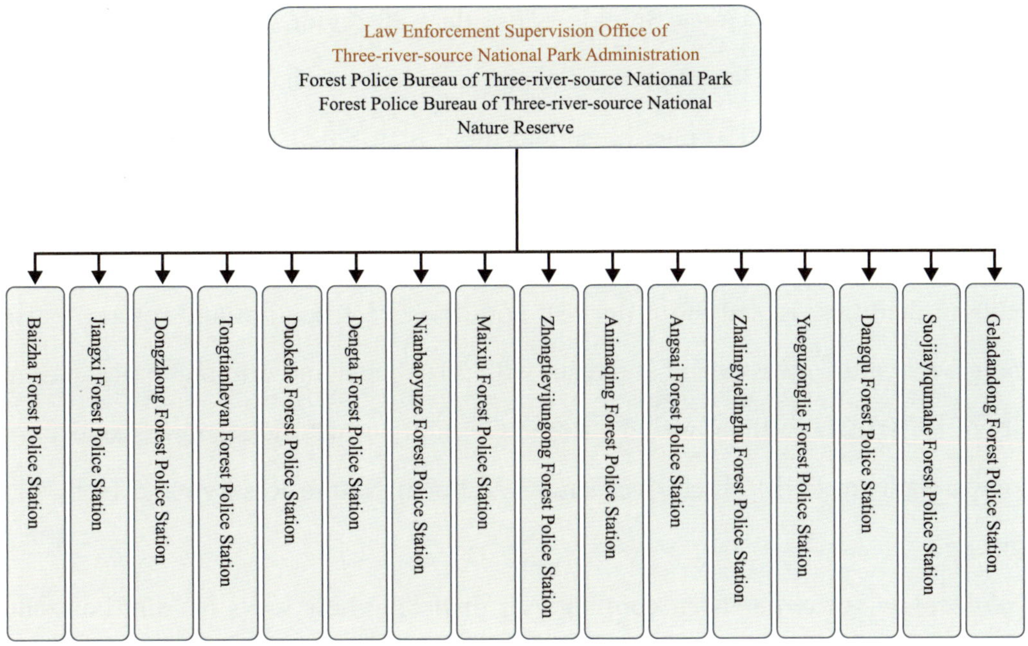

Figure 9 "Two-level" law enforcement system in Three-river-source National Nature Reserve

stations in the 18 sub-areas of conservation of Three-river-source National Nature Reserve have been continuously strengthened, and the "secondary" law enforcement system has been continuously enhanced (Figure 9).

b. Carrying out vertical and horizontal integrated law enforcement activities of natural resources

With the support of the "three-level" law enforcement system of Three-river-source National Park and the "two-level" law enforcement system of Three-river-source National Nature Reserve, the local authority has strengthened integrated law enforcement. With regard to the patrol, inspection and mapping of Three-river-source National Park and Three-river-source National Nature Reserve, priority is focused on the special action of continuous patrol and law enforcement in the three parks, which severely cracks down on all kinds of illegal and criminal activities detrimental to natural resources, such as indiscriminate mining, deforestation and poaching. By the end of 2018, there had been 15 special operations aimed at combating the destruction of natural resources and wildlife resources in nature reserves, such as "Operation Green Water", "Operation Thunder", "Operation Green Sword", "Operation

Hurricane" and "Operation Green Shield". More than 20 regional patrols have been carried out in the 18 sub-areas of conservation of Three-river-source National Nature Reserve, with police presence of over 20,000 men/times and more than 8,000 vehicles involved, covering a total journey of more than 800,000 km. The local authority inspected 58 businesses of different kinds in various places, such as wood processing enterprises, wildlife domestication and breeding facilities, issued more than 30 notices of rectification and reform, closed 113 sand and gravel yards, investigated and dealt with 201 illegal and criminal cases and imposed a penalty of RMB1.211 million, which ensured the safety of natural resources assets in Three-river-source National Park, Three-river-source National Nature Reserve and Hoh Xil World Heritage site.

The local authority has been continuously exploring new ways of joint horizontal law enforcement with adjacent provinces. It has taken the initiative to link up and communicate with the adjacent protected areas between provinces, strengthen the joint supervision of ecological exploration tours and illegal crossing of protected areas, strengthen the investigation and handling of cases of ecological environment and resources in adjacent provinces and regions between Three-river-source National Park, Three-river-source National Nature Reserve, Hoh Xil World Natural Heritage site and Xinjiang, Tibet and Sichuan, and severely crack down on illegal and criminal activities such as illegal mining and poaching. First, in order to give full play to the benefits of the cooperation mechanism of the Nature reserves Alliance, and earnestly strengthen the protection of regional ecological environment and the joint prevention and control of inter-regional environment-related illegal activities, on 26 October 2018, the Three-river-source National Park Administration presided over the Sixth Collaboration Conference of the Three-river-source National Park Administration and the National Nature Reserve Alliance for Qinghai, Xinjiang and Tibet in Xining. *A Collaboration MOU for Eco-environmental Protection among Five Major Reserves of Qinghai, Xinjiang and Tibet* was jointly signed with Xinjiang Aerjin Mountain Reserve Administration, two Administration branches in Naqu and Ali of Tibet Qiangtang Reserve, Mount Qomolangma Reserve Administration. *A Constitution for Collaboration of the Alliance of Five Major Nature*

Reserves of Qinghai, Xinjiang and Tibet was formulated to establish a long-term control and law enforcement mechanism across the region, and reinforce the law enforcement of ecological environment resources in the border areas of Qinghai, Xinjiang and Tibet. Second, a joint meeting mechanism has been established between the forest police stations in sub-areas of conservation in Yushu Baiza, Dongzhong, Jiangxi and the secondary inspection stations of Niaodong Police Station of Changdu Public Security Bureau in Tibet. In addition, *An Agreement on Cooperation for Joint Defense of the Peaceful Border* was signed between the two sides, who agreed to establish cross-border joint police defense mechanism between Qinghai and Tibet, exchange of information, sharing of police resources, interaction of border defense, mutual assistance in law enforcement and handling cases, jointly crack down on crimes against ecological resources in the border areas, achieve shared responsibility, joint development of teams, harmonization of prevention and control, and sharing of achievements so as to lay a sound grounding for the establishment of a harmonious and peaceful border. In addition, a mobile police team was set up to explore the establishment of a response mechanism for emergencies and major cases, optimize the design in the aspects of centralizing superior forces, ensuring the detection of cases and establishing emergency mechanisms, so as to enhance the combat effectiveness and influence of ecological law enforcement.

c. Exploring the establishment of an efficient mechanism for interaction between criminal justice and administrative law enforcement of natural resources

In order to integrate effectively criminal justice with administrative law enforcement, the Forest Police Bureau of Three-river-source National Park and the Investigation and Supervision Department of the Qinghai Provincial people's Procuratorate have established a joint meeting mechanism to promote special procuratorial work in serving and securing the development of Three-river-source National Park. Since 2017, the local authorities have released *Opinions of the Qinghai Provincial people's Procuratorate on Fully Performing Procuratorial Functions and Ensuring the Development of Three-river-source National Park, The Implementation Plan for the Procuratorial Organs of Qinghai Province to Carry Out Special Procuratorial Activities to Serve and Ensure the Development of Three-river-*

source National Park and *The Work System for Linking up Administrative Law Enforcement and Criminal Justice in Ecological Protection of Three-river-source National Park.* The establishment of Three-river-source Ecological Court of the People's Court of Yushu City, the first ecological court in the Three-river-source area, provides a strong judicial safeguard for ecological protection of Three-river-source National Park. In addition, the Research Society for Rule of Law in Three-river-source National Park was established in March 2018, and held its first Congress, during which members discussed the theoretical and practical problems of the rule of law in the pilot system based on the reality of ecological protection, green development, improvement of people's livelihood, and social stability in the Three-river-source area, and would apply the discussion results to the practical work, so as to promote development of the rule of law in the national park to a new level.

D. Straightening out the system

A brand new management system has taken shape through institutional integration, with the Administration as the leader, the management committee as the support, the protection stations as the starting point radiating to villages. The problems of "water control by nine dragons" and "fragmentation" of law enforcement supervision have been solved. The pilot goal of "one thing is managed by one department" has almost been achieved. The power of the central authority has been strengthened and the responsibilities of Qinghai implemented, and the boundaries of responsibilities of administrative organs are clearly defined. *The Master Plan of Three-river-source National Park* and five special plans for the management of Three-river-source National Park, ecological protection, ecological experience and environmental education, industrial development and franchising, community development and infrastructure have been formulated on the basis of fully linking up with the economic and social development plan, the overall land use plan, and the overall plan for urban and rural development, and the "1+5" planning system of Three-river-source National Park has taken shape. The local authority has strengthened the convergence of planning, carried out the revision of the local overall land use plan and the overall plan for urban and rural development in accordance with the law, and revised the local economic and social development plan, exploring to promote the "integration of multiple rules and regulations".

III Ecological protection

A. Unified functional zoning

Three-river-source National Park includes three parks, i.e. the Yangtze River Source Park, the Yellow River Source Park and the Lancang River Source Park, covering a total area of 123,100 km^2. There are 15 protected areas in the park in 6 categories, including national nature reserves, wetlands of international importance, wetlands of national importance, national aquatic germplasm resources reserves, water conservancy scenic spots and world natural heritage sites. The protected areas are mainly delineated across administrative areas according to ecosystem types and protection objectives and dominated by sectoral management, giving rise to such prominent problems as out of touch with local administrative management, poor management system, unclearly defined powers and responsibilities, inadequate management and multiple leadership. In order to change the divided policies resulting from conflicting departmental interests and carry out unified control, it is necessary to break the original boundaries of all kinds of protected areas and redefine the functional zoning in a wise and reasonable manner.

a. Primary functional zoning

In accordance with the requirements for control of all kinds of protected areas and the evaluation results of the status quo and by highlighting more stringent protection, the elements of geographical area and ecological function are taken into "dual consideration" while demarcating the protected areas into three "primary functional zones", i.e. core conservation zone, ecological conservation and restoration zone and traditional use zone. This is clearly defined in *The Master Plan of Three-river-source National Park* (Figure 10, Table 1).

Core conservation zone

The total area is 90,570.25 km^2, accounting for 73.55% of Three-river-source National Park area. With the core zone and buffer zone of the nature reserve as the baseline, the core

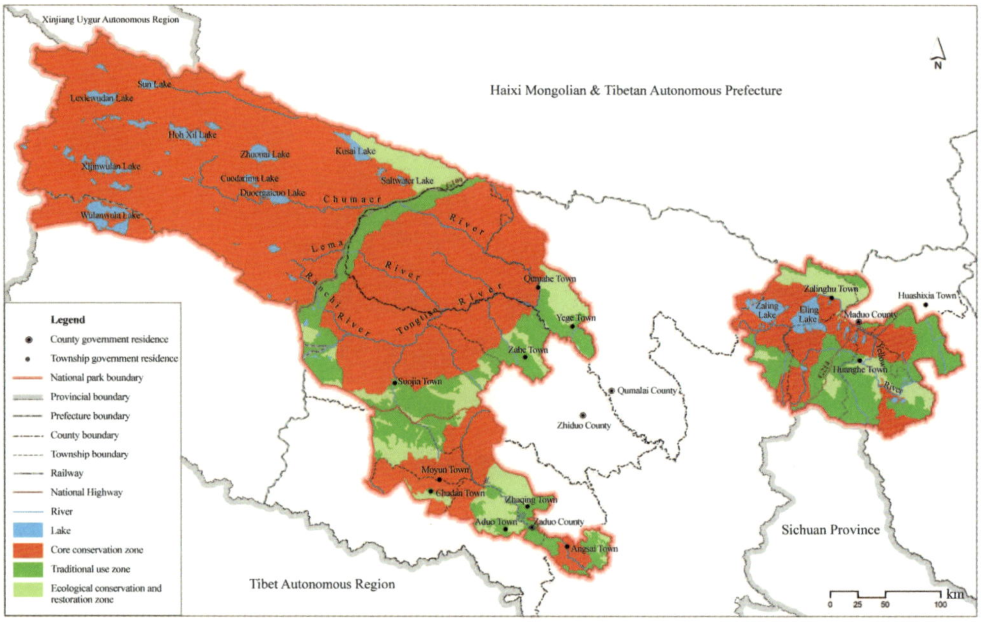

Figure 10 Schematic diagram of primary functional zoning of Three-river-source National Park

Table 1 Primary functional zoning of Three-river-source National Park

Functional zoning of Three-river-source National Park			Relationship with nature reserves	
Functional area	**Area (km^2)**	**Percentage (%)**	**Functional area**	**Area (km^2)**
Core conservation zone	90,570.25	73.55	Core zone	41,711.49
			Buffer zone	43,177.77
			Experimental zone	2,316.01
			Non-nature reserve	3,364.98
Ecological conservation and restoration zone	5,923.99	4.81	Core zone	0
			Buffer zone	0
			Experimental zone	5,527.28
			Non-nature reserve	396.71
Traditional use zone	26,647.16	21.64	Core zone	0
			Buffer zone	2,088.95
			Experimental zone	21,761.59
			Non-nature reserve	2,796.61
Total	123,141.38	100		123,141.38

conservation zone includes 5 sub-areas of conservation, i.e. Zaling Lake-Eling Lake of Three-river-source National Nature Reserve, Xingxinghai, Soga-Quma River, Guozongmucha and Angsai and all the core areas and more than 99% of the buffer zone in Hoh Xil National Nature Reserve. In addition, the core conservation zone covers 2,316.01 km^2 of experimental area, 43,177.77 km^2 of buffer zone, 41,711.49 km^2 of core area and 3,364.98 km^2 of non-nature reserve in Three-river-source and Hoh Xil National Nature Reserves when linking up with the core areas of natural heritage nominees in the region, the core areas of wetlands of international and national importance, the national aquatic resources reserves, the national water conservancy scenic spots and the key habitats of wildlife.

Ecological conservation and restoration zone

With a total area of 5,923.99 km^2, the ecological conservation and restoration zone accounts for 4.81% of the area of Three-river-source National Park, including 5,527.28 km^2 of experimental areas in 5 sub-areas of conservation, i.e. Zaling Lake-Eling Lake, Xingxinghai, Soga-Quma River, Guozongmucha and Angsai of Three-river-source National Nature Reserve and 396.71 km^2 of non-nature reserve.

Traditional use zone

The total area is 26,647.16 km^2, accounting for 21.46% of the area of Three-river-source National Park. It is an area outside the core conservation zone and ecological restoration zone of the national park, including 5 sub-areas of conservation, i.e. Zaling Lake-Eling Lake, Xingxinghai, Soga-Quma River, Guozongmucha and Angsai of Three-river-source National Nature Reserve and 2,088.96 km^2 of buffer zone of Hoh Xil National Nature Reserve, 21,761.59 km^2 of experimental area and a non-nature reserve of 2,796.61 km^2.

b. Secondary functional zoning

On the basis of the survey of the status quo, the secondary functional zoning was carried out in the three primary zones of the core conservation zone, the traditional use zone and the ecological conservation and restoration zone to implement specific control measures and strengthen the protection of ecosystem integrity and achieve the spatial control objectives set by the primary zoning. This task is further clarified in *The Earmarked Plan for Ecological Protection of Three-river-source National Park* (Figure 11, Table 2).

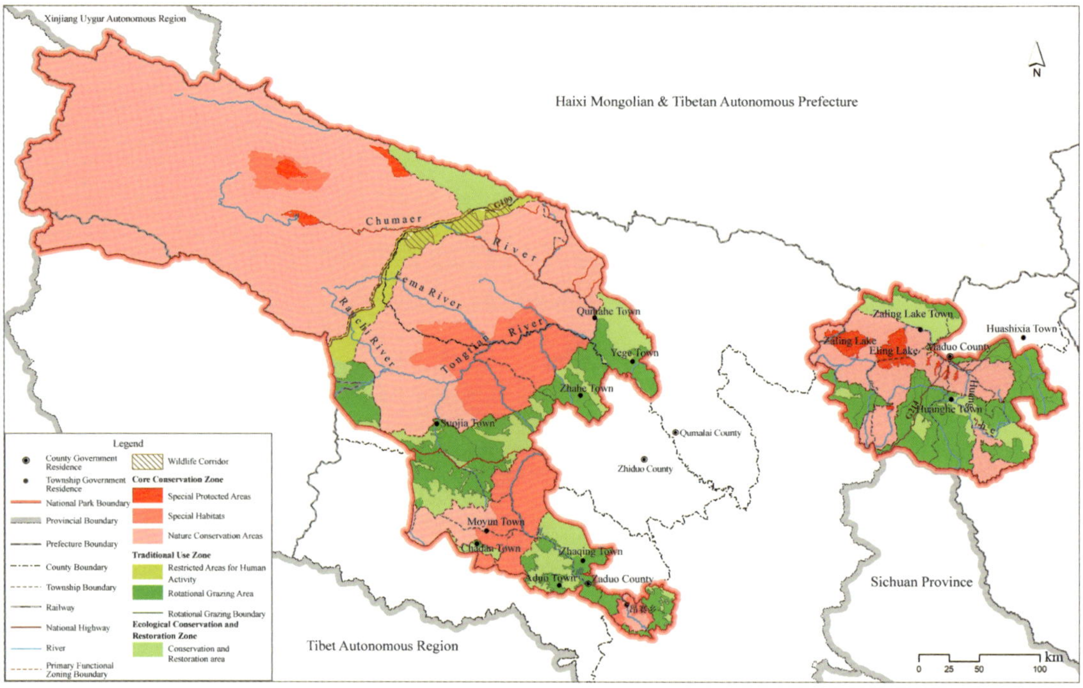

Figure 11 Schematic diagram of secondary functional zoning of Three-river-source National Park

Core conservation zone

The core conservation zone is divided into special protected areas, special habitats and nature conservation areas based on the habitat of key species, ecological vulnerability and the importance of ecosystem services.

Special protected areas. They are the core areas of wetlands of international and national importance and national aquatic germplasm resources reserves, including 2 wetlands of international importance, i.e. Eling Lake and Zaling Lake, 5 wetlands of national importance, i.e. Duoergaicuo, Zhuonai Lake, Kusai Lake, Mado Lake and Gangnagemacuo, as well as the core area of aquatic germplasm resources reserve of unique fish in Chumar River and *Gymnocypris eckloni* and *Platypharodon extremus* in Zaling Lake and Eling Lake.

Special habitats. This area is an important habitat for snow leopard, Tibetan antelope and other representative rare and endangered species, including key habitats of snow leopard, and breeding grounds of Tibetan antelope in Zhuonai Lake and others.

Nature conservation areas. This area is an area in the core conservation area excluding special protected areas and special habitats, including alpine grassland and meadows, plateau lakes and swamps, alpine deserts, snow mountains and glaciers and other important ecosystems, with widely distributed river system, important ecosystem services and rich biodiversity.

Ecological conservation and restoration zone

On the basis of ecosystem and ecological process assessment, according to the causes of degradation and the progress of the first and second phase of Three-river-source Ecological Protection and Improvement Project, the concentrated sandy land, black soil patch and other moderately and severely degraded grassland are classified as conservation and restoration areas.

Traditional use area

According to the requirements of ecological protection, the production needs of ecological animal husbandry, the distribution of villages and the boundary of rights to contracted management of grassland, the traditional use area is divided into restricted areas for human activity and rotational grazing areas.

Restricted areas for human activity. These are traditional living areas established by local herdsmen for a long time. The local authority has demarcated the control line of development land for existing rural development and highway construction. The construction activities listed by the positive list system can only be carried out within the line of control, and the control area can only become smaller rather than larger.

Rotational grazing areas. These are traditional production areas for local pastoralists. According to the needs of grassland productivity and grazing herds, administrative division and the boundary of rights to contracted management of grassland, the traditional use zone, excluding restricted areas for human activity, are divided into several sub-areas of conservation to determine the livestock based on forage, and define grazing intensity, sequence, cycle and duration.

Table 2 Secondary functional zoning of Three-river-source National Park

Park	Area (km^2)	Primary zoning	Area (km^2)	Secondary zoning	Area (km^2)
Yangzte River Source Park	90,321.49	Core conservation zone	75,519.48	Special protected areas	743.12
				Special habitats	8,894.70
				Nature conservation areas	65,881.66
		Ecological conservation and restoration zone	5,462.89	Conservation and restoration area	5,462.89
		Traditional use zone	9,339.12	Restricted areas for human activity	3,200.38
				Rotational grazing areas	6,138.74
Yellow River Source Park	19,083.13	Core conservation zone	8,583.85	Special protected areas	1,296.22
				Nature conservation areas	7,287.63
		Ecological conservation and restoration zone	2,845.13	Conservation and restoration area	2,845.13
		Traditional use zone	7,654.15	Rotational grazing areas	7,654.15
Lancang River Source Park	13,736.19	Core conservation zone	6,343.29	Special habitats	4,318.27
				Nature conservation areas	2,025.01
		Ecological conservation and restoration zone	3,461.04	Conservation and restoration area	3,461.04
		Traditional use zone	3,931.87	Rotational grazing areas	3,931.87

Note: In order to put in place the control measures for the secondary functional zoning on site and make them readily identifiable, the primary functional zoning delineated in *The Master Plan for Three-river-source National Park* has been optimized and adjusted in *The Earmarked Plan for Ecological Protection of Three-river-source National Park*.

B. Strict spatial control

a. Integrating spatial control into the ecological red line

The General Plan for the Establishment of a Pilot Project of the National Park System released by the General Office of the CPC Central Committee and the General Office of the State Council stipulates that national parks are one of the most important types of nature reserves in China and categorized as the prohibited development zones in the national function oriented zoning, which are brought into the national ecological protection red line for the strictest protection. The primary function of national parks is to protect the authenticity and integrity of the important natural ecosystem. In addition, they have the overall functions of scientific research, education, recreation and so on. In March 2018, *The Ecological Protection Red Line Demarcation Program for Qinghai* included Three-river-source National Park with a land area of 123,100 km^2 in the province's ecological protection red line, accounting for 38.11% of the province's red line.

b. Control target of primary functional zones

Core conservation zone

The local authority has taken strict protection measures focusing on the protection of snow-capped glaciers, river sources, lakes, wetlands, grassland meadows and forest bushes, and made great efforts to improve water conservation, biodiversity and soil and water conservation and other services, and maintain the authenticity of large areas of primitive ecosystems against human activities.

Ecological conservation and restoration zone

This zone is dominated by degraded and desertified grassland that need to be restored. The local authority has strengthened natural restoration and implemented the necessary artificial intervention measures such as a ban on animal husbandry. It will appropriately carry out sustainable use in the form of grazing rest and rotational grazing after restoration in order to maintain the sustainable health and stability of alpine ecosystem and improve the function of water conservation in an all-round way.

Traditional use zone

The ecological situation of the zone is generally stable. The zone is the traditional livelihood and production space of local herdsmen, and is the buffer zone for population and industrial transfer from the core conservation zone. The living areas such as the site of township government and the existing construction land in communities and villages as well as railways and State and provincial highways have been demarcated with control lines for strict control. The policy of balancing forage and livestock is strictly implemented in other areas. The local authority has appropriately developed organic animal husbandry to further reduce the livestock carrying pressure on grasslands, speed up the job transfer of herdsmen, and gradually reduce human activities.

c. Control measures for secondary functional zoning

Special protected areas

The control measures for special protected areas include the following: to protect the unique fish such as *schizothorax dolichonema, Ptychobarbuskaznakovi, Gymnocyoris eckloni and Platypharodon extremus* on the Qinghai-Xizang Plateau; protect and restore the wetlands of international and national importance, improve the water quality of waterfowl habitats and wetlands, gradually restore the biodiversity of wetlands and give full play to the multiple ecological functions of wetlands; implementation of permanent closure and protection of rivers, lakes and wetlands where research and survey activities need to be approved; the release of captive animals is prohibited; the river or lake chief system is established; and the establishment of sewage outlets is prohibited.

Special habitats

The control measures for special habitats include the following: to grasp the distribution and population dynamics of Tibetan antelope, snow leopard, panthera pardus and other rare wild animals, and protect their population stability and habitat integrity; human activities are prohibited except the livelihood of the indigenous residents and approved scientific research and monitoring; strengthen monitoring of wild animals and their habitats and carry out regular evaluation; and explore an effective system of wildlife protection insurance and compensation.

Nature conservation areas

The control measures for Nature conservation areas include the following: to protect the integrity of alpine deserts, alpine meadows, alpine grassland and forest bush ecosystems, protect the authenticity of natural landscape such as plateau swamps, lakes, river networks, snow mountains and glaciers; restore wetland ecosystems; gradually protect and restore the desert ecosystem; and improve ecosystem functions and services; prohibit productive and commercial grazing; no new roads shall be planned except the necessary patrol roads, and other development and construction shall be prohibited; conservation measures dominated by natural restoration shall be taken; and scientific research and environmental education activities shall be carried out mainly by relying on ecological monitoring stations.

Restricted areas for human activity

The control measures for restricted areas for human activity include the following: to ensure the smooth migration channels of wild animals such as Tibetan antelopes; ensure the security of traffic, energy and communications channels into Tibet; strictly limit the space for human activities to achieve the purpose of strict protection; during the migration period of the Tibetan antelope from June to August, the construction of roads other than emergency rescue shall be stopped, traffic control shall be carried out around the three migration lanes of the Tibetan antelope on the Qinghai-Tibet Highway in accordance with the law, and visitors shall be prohibited from approaching the Tibetan antelope; strictly abide by the control line of construction land to minimize effectively the impact of human activities on national parks.

Rotational grazing areas

The control measures for rotational grazing areas include the following: to determine livestock on the basis of forage according to the carrying capacity of grassland resources; maintain the balance of forage and livestock to realize the harmony between man and nature; maintain the traditional production and life style of local herdsmen; implement a strict system of balance of forage and livestock; implement seasonal grazing rest and rotational grazing; prohibit development and construction projects which are inconsistent with the management objectives; appropriately carry out ecological experience and environmental education, define the ecological experience route and area, and control the flow of visitors; develop ecological animal husbandry and speed up the job transfer of local herdsmen.

Ecological conservation and restoration zone

The control measures for ecological conservation and restoration zone include the following: to improve the ecosystem functions and services of alpine grassland and alpine meadow; grazing and development projects are banned; measures such as converting grazing land and reclaimed grassland to grassland, artificial restoration and replanting are taken for closure of degraded grassland; an approach dominated by engineering restoration and supplemented by biological and natural restoration is adopted to rehabilitate black soil patch; for the fixed sandy land with vegetation growth, an approach dominated by land closure and supplemented by biological sand control measures is adopted to promote the vegetation restoration of sandy land; for the semi-fixed and shifting sand land where the vegetation is difficult to grow, a composite sand control approach of reestablishing sand barriers and planting grass is adopted to establish the biological sand control system; and strengthen the prevention and control of grassland rodent damage.

d. Strict access examination

The local authority has carried out strict management for access examination on infrastructure development and scientific research within Three-river-source National Park based on laws and regulations such as *The Regulations of the People's Republic of China on Nature Reserves*, *The Wildlife Protection Law of the People's Republic of China*, *Regulations on Three-river-source National Park* (*for trial implementation*) and according to the functional zoning principle and control measures of *The Master Plan for Three-river-source National Park* and *The Control Measures for Functional Zoning of Three-river-source National Park* (*for trial implementation*). On the one hand, the local authority has strictly implemented the relevant provisions of laws and regulations and followed the procedures for access examination in accordance with the principle of "abiding by laws and regulations and adopting a wise and reasonable approach". On the other hand, the authority has properly handled the relationship between development and conservation by taking into account the overall layout of Three-river-source National Park, the problems left over from history and the actual needs of local economic and social development, poverty alleviation, disaster relief and improvement of people's livelihood. At present, when it comes to the improvement of the livelihood of local herdsmen and the development of poverty alleviation facilities inside the traditional use zone of the National Park, the local authority has been conscientiously implementing the State Forestry Administration Decree No.50 and *The Regulations on Three-river-source National Park* (*for trial implementation*).

C. Strengthening ecological restoration

a. Promoting great protection with key projects

Three-river-source is an important national ecological security barrier, an important part of the ecological security pattern of "one barrier and two belts", and has always been at the forefront of ecological protection and improvement projects. Since 2005, *The General Plan for Ecological Protection and Improvement of Qinghai Three-river-source Nature Reserve* has been launched as a national strategy, that is, the first phase of the project, which is another major ecological integrated management project after the Combating Sandification Program (Beijing and Tianjin Region) in China, and has opened a new chapter for the integrated protection and restoration of the mountains, rivers, forests, grassland and lakes on the Qinghai-Tibet Plateau. The first phase of the project was successfully completed in 2013, the second phase of the project was fully launched in 2014, and the two phases of the project was seamlessly connected, with a total planned investment of RMB23 billion. According to the plans, the project involves 10.68 million *mu* ① of black soil patch, 6.31 million *mu* of mountain closure, 3 million *mu* of desertification combating, 16.6 million *mu* of wetland conservation, 55,700 people in 11,000 households of ecological migrants, 51,400 livestock greenhouses of 6.17 million m^2, problem-shooting of the safety of drinking water for 131,600 people and livestock, distribution of household solar photovoltaic power supply for 40,800 households, training sessions for 152,700 person/times, establishment of ecological monitoring and cloud

① 1 *mu* ≈ 0.067 hectare.

seeding platforms, and carrying out scientific research and extension. In addition, the central and provincial governments have invested RMB264 million to carry out the Geological Environment Improvement and Restoration Project for Three-river-source area, which has restored the ecological functions of 58,000 *mu* of mining land area and effectively solved the environmental problems left over from history through the restoration of river courses, the leveling of pits, the backfilling of topsoil, the planting of forest trees and grass as well as enclosure. Three-river-source National Park, which is located at the river source and water conservation area, is an important implementation area for implementation of the Three-river-source Ecological Protection and Improvement Project. The key projects have promoted the great protection. The implementation of the key projects has played a decisive role in effectively curbing the trend of sustained ecological degradation in the region.

b. Promoting great restoration with great protection

From 2017 to 2018, the National Development and Reform Commission commissioned China International Engineering Consulting Corporation to conduct a mid-term evaluation on the implementation of *The Second Phase of the Qinghai Three-river-source Ecological Protection and Improvement Project Plan. A Mid-term Consultation and Evaluation Report on the Implementation of The Second Phase of Qinghai Three-river-source Ecological Protection and Improvement Project Plan* was released. According to the report, the ecosystem degradation trend in Three-river-source has been curbed, and the ecological functions of services have been further highlighted through the implementation of grassland, forest, wetlands and other ecosystem protection and improvement projects. The ecological situation of grassland has gradually improved, the area of grassland rodent damage has decreased significantly, the thickness of grass layers, the cover and grass yield of all kinds of grassland have increased, the degradation process as a whole has slowed down, and the ecological functions of forests have been gradually enhanced. The canopy closure of trees has shown a positive growth trend, the bush land has been in a dynamic balance. The area of desertified land has been gradually reduced, the expanding trend of desertification in some areas has been under control, and the capacity of wind break and sand fixation has continuously enhanced.

The phenomenon of quicksand infringing on highway has been greatly reduced, water conservation forest, soil and water conservation forest and windbreak and sand-fixation forest are gradually taking shape. The enclosed land vegetation of arbor trees, arbor bush, bush and bush grass has been naturally restored, the ecological benefits of water conservation and soil and water conservation have been gradually released, the area of wetlands ecosystem has been continuously expanded, the vegetation cover of wetlands monitoring stations has been improved. The biomass of the sample plots has shown an increasing trend. The environmental quality of surface water is excellent, and the water quality of monitored section is kept above class II. These achievements are the integrated benefits formed by the interaction between the implementation of the engineering system and the management and protection measures, and are indicative of the great protection promoting great restoration.

c. Promoting great abundance with great restoration

Three-river-source is one of the world's most prominent alpine biodiversity hotspots. It is an important germplasm pool of fauna and flora on the Qinghai-Tibet Plateau. According to the inventory results, the vegetation in Three-river-source can be categorized into 9 types, including coniferous forest, broad-leaved forest, mixed coniferous and broad-leaved forest, bush, meadow, grassland, swamp and aquatic vegetation, cushion vegetation and sparse vegetation in 50 formations of 14 formations classes. The increasing restoration of ecosystems has promoted the continuous enrichment of biodiversity. The populations of wild animals such as Tibetan antelope, wild yak, brown bear, Tibetan wild ass, red deer and black-necked crane are increasing year by year, and endangered species appear frequently. According to the monitoring results, the population of snow leopard, a flagship species, has suddenly increased to about 1,000 in Three-river-source, which is recognized as one of the most densely distributed areas of snow leopard in the world academia.

The population of Tibetan antelope individuals has recovered from more than 20,000 in the 1990s to more than 60,000 in 2017. Rare and endangered species such as Eurasian otters and leopards have been discovered, and rare species such as black wolves have been detected in the Yellow River Source Park.

D. Wildlife protection

a. Baseline survey on wildlife

In 2016, a baseline survey on wildlife was launched in Three-river-source National Park, which gave birth to *A List of Wildlife Species in Three-river-source National Park* and *A Distribution Map of Important Species in Yangtze River Source Park, Yellow River Source Park and Lancang River Source Park* drawn by scientific means.

Accordingly, 270 species of wild terrestrial vertebrates are distributed in Three-river-source National Park, belonging to 4 classes, 29 orders, 72 families, including 62 species of mammals of 19 families of 8 orders, 196 species of birds of 45 families of 18 orders, 7 species of amphibians of 5 families of 2 orders, and 5 species of reptiles of 3 families of 1 order.

Among the mammals, there are 19 species of carnivores, accounting for 30.65% of the total number of mammals in the park, followed by 14 species of rodents and 12 species of artiodactyla, accounting for 22.58% and 19.35% respectively; followed by 9 species of Lagomorpha, accounting for 14.52%; five species of Insectivora, accounting for 8.06%. There is only one species of Chiroptera, primates and Perissodactyla.

According to the classification system, there are few species of Chiroptera, primates and Perissodactyla. At present, there are 103 species of mammals in Qinghai Province, and the distribution of mammals in Three-river-source National Park accounts for 60.19% of Qinghai Province's total (Table 3).

Table 3 Distribution of mammal species in Three-river-source National Park

Order	Number of species	Percentage (%)
EULIPOTYPHLA	5	8.06
CHIROPTERA	1	1.61
PRIMATES	1	1.61
CARNIVORA	19	30.65

(Continued)

Order	Number of species	Percentage (%)
PERISSODACTYLA	1	1.61
ARTIODACTYLA	12	19.35
RODENTIA	14	22.58
LAGOMORPHA	9	14.52
Total	62	100

Among the 196 species of birds distributed in Three-river-source National Park, there are 94 species of Passeriformes, accounting for 47.96% of the total number of birds in the park, followed by 22 species of Charadriiformes, 19 species of Anseriformes and 15 species of Accipitriformes, accounting for 11.22%, 9.69% and 7.65% respectively of the total number of birds in Three-river-source National Park. The remaining 14 orders account for less than 5% (Table 4).

Table 4 Distribution of bird species in Three-river-source National Park

Order	Number of species	Percentage (%)
PASSERIFORMES	94	47.96
CHARADRIIFORMES	22	11.22
ANSERIFORMES	19	9.69
ACCIPITRIFORMES	15	7.65
GALLIFORMES	9	4.59
PELECANIFORMES	6	3.06
FALCONIFORMES	6	3.06
COLUMBIFORMES	5	2.55
PICIFORMES	5	2.55
GRUIFORMES	4	2.04
PODICIPEDIFORMES	2	1.02

(Continued)

Order	Number of species	Percentage (%)
PTEROCLIFORMES	2	1.02
STRIGIFORMES	2	1.02
CAPRIMULGIFORMES	1	0.51
CUCULIFORMES	1	0.51
CICONIIFORMES	1	0.51
SULIFORMES	1	0.51
BUCEROTIFORMES	1	0.51
Total	196	100

At present, there are 380 species of birds in Qinghai Province, and the birds distributed in Three-river-source National Park takes up 51.58% of the province's total.

b. Density and number of major mammals

By using artificial estimates, the population density and quantity of Tibetan gazelle , Tibetan wild ass, white-lipped deer and snow leopard in the three parks were estimated and the estimates for both summer and winter were compared. The Tibetan wild ass, Tibetan gazelle and Tibetan antelope have the largest population.There are about 60,000 Tibetan gazelles, about 36,000 Tibetan wild ass and more than 60,000 Tibetan antelopes. The populations of white-lipped deer and wild yaks are also very large, reaching about 10,000. The snow leopard population of considerable concern in the park is about 600. The wildlife whose population density in summer is significantly higher than that in winter include Tibetan wild ass, Tibetan gazelle, wolf, Altai argali and wild boar. There is no significant difference in the population of white-lipped deer, Tibetan fox, leopard cat, Tibetan antelope, argali and wild yak between winter and summer. Since brown bears were hibernating in winter, none of them was discovered in the survey.

c. Major distribution areas of key mammals

Located at the top of the wildlife food chain in the Three-river-source area, the snow leopard is a flagship species in Three-river-source National Park. It is active in the alpine barren rock landscape and near the snow line at an altitude of more than 3,500 meters, and the range and frequency of its presence have greatly increased in recent years. Tibetan antelope is mainly distributed in the western part of Qumalai County and the southwest of Soga Township in Zhiduo County, as well as Hoh Xil Nature Reserve. They have a large number of population in the border areas of Qinghai and Tibet. Tibetan wild ass and Tibetan gazelle are widely distributed in Three-river-source National Park and often cluster in winter. Small mammals such as Tibetan fox, red fox and pika are widely distributed in Three-river-source National Park. Wolves and Tibetan brown bears are also common species in the park. The total number of large wild herbivores and livestock is 475,000 sheep units, and the ratio of the sheep units of large wild herbivores to the sheep units of livestock is 1 ： 4. 5.

d. Wildlife conservation actions and measures

Three-river-source National Park is one of the few large, rare and endangered wildlife distribution areas in the world. With the strengthened wildlife conservation actions and protection and management measures of habitat protection, patrol, monitoring and special law enforcement, the population of wild animals has shown a rapid growth trend. First, the local authority has strengthened the law enforcement of the national park, established a science-based and feasible patrol system to crack down on illegal and criminal activities of poaching wild animals. Second, a mechanism for public prevention and control and community collaboration has been established, and ecological protection and management posts set up for daily wildlife patrol. A joint protection mechanism of villagers has been established, and a resource management system formulated. Third, The local authority has strengthened publicity and education to make wildlife protection a household name. Fourth, The local authority has strengthened habitat protection. It has implemented natural forest protection, conversion of cropland to forest (grass), desertification control, wetlands conservation and grassland management, removal of net fences and other projects to restore and rebuild wildlife habitats. Fifth, the local authority has strengthened the management through protection and patrol of migratory (migration) corridors. Sixth, a protection fund and a compensation system for wildlife damage has been established. Seventh, efforts should be made to strengthen species protection.

E. Monitoring system and results

An ecological monitoring network has taken shape, and the level of informatization has been significantly improved. Through the implementation of ecological monitoring and basic GIS (Geographic Information System) development projects, the integration of advanced monitoring means, the use of communication transmission and information technology, the local authority has realized the high-density, multi-factor, all-weather and automatic collection of all kinds of data such as environment, ecology and resources in Three-river-source area. A regional ecological monitoring system and a safeguard system for monitoring techniques have been established in the Three-river-source comprehensive experimental area, which is supported by the "3S" (GIS, RS and GPS) technology and the integration of remote sensing monitoring and ground monitoring. An ecological environment monitoring and evaluation system and a data integration and sharing mechanism of "integration of air and ground network" has almost been established. Since the trial of the national park system in Three-river-source, the working mechanism has been further strengthened and the Big Data Center for the Ecological Environment has been built to provide support for the Three-river-source area, especially for ecological protection, natural resources management and performance evaluation in the park.

a. Ecological monitoring system

Development of a ground monitoring network

At present, a total of 7 comprehensive monitoring stations, 31 grassland monitoring stations, 2 forest monitoring stations, 26 desertified land monitoring stations, 5 basic wetlands monitoring stations and 2 hydrologic and water resources monitoring stations have been built in Three-river-source National Park. There are 2 soil and water conservation monitoring stations, 398 meteorological elements monitoring stations, 1 ambient air quality monitoring station, 6 surface monitoring sections and 7 soil environment quality monitoring stations (Figure 12).

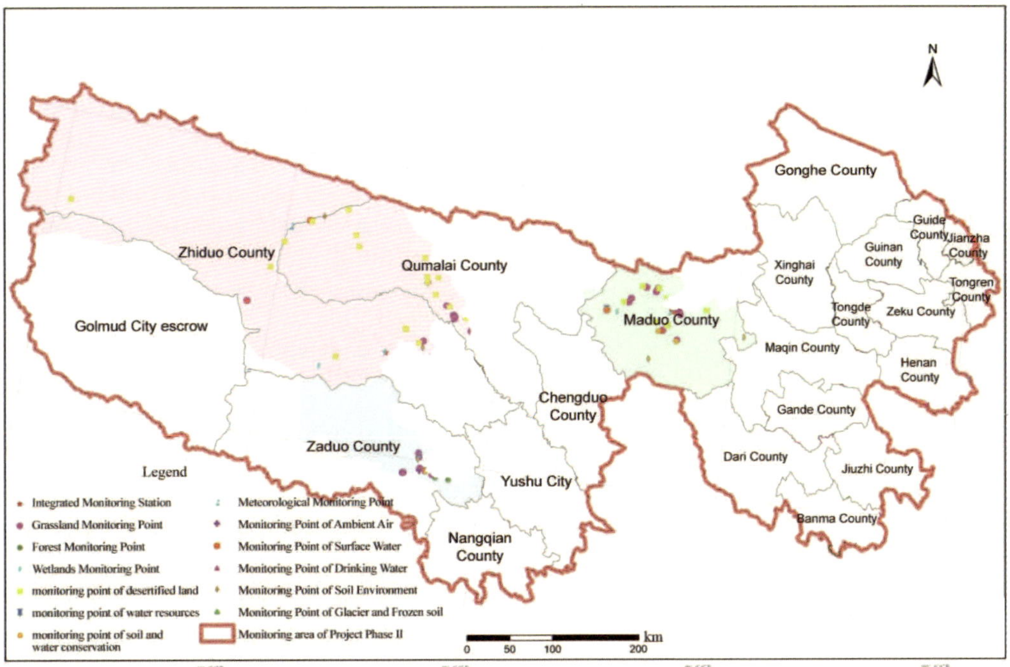

Figure 12 Schematic diagram of ecological monitoring stations in Three-river-source National Park (only 3 meteorological points are marked because of their popularity)

Development of a satellite communication system

A regional information management network based on "village-to-village" optical fiber communication and fully covered by domestic satellite communication links has been initially established.

Renting the resources of Zhongxing 10 domestic communication satellite and Beijing Yungang main ground station, the Administration has been allocated 1 set of fixed station, 7 sets of fixed ground stations for monitoring sites, 24 sets of portable stations, 5 sets of backpack stations, 30 sets of Beidou handheld terminals, 1 set of mobile station and 1 set of static station and 1 set of command and management system, which have almost solved the problems of Internet access and communication in the daily office and patrol of forest police stations in areas without internet access, and initially realized the efficient and secure connection of ecological, management and social information in the park.

Capacity building for remote sensing monitoring

A one-stop service system for directly connected high-resolution remote sensing data is being built with the Ministry of Ecology and Environment Center for Satellite Application on Ecology and Environment, China Resources Satellite Application Center, the National High Resolution Center, the Satellite Mapping and Application Center of National Administration of Surveying, Mapping and Geoinformation and other departments. A data collection plan will be developed, data collection applications submitted through the system to achieve the basic processing of the original data and secure the operation of the business.

Monitoring and evaluation of ecological environment

In accordance with the requirements of the establishment of an ecological assessment system and regular evaluation and release of ecological status in national parks, the local authority has enriched and improved the major monitoring contents and indicator system, established and released the corresponding standards. It has enhanced the safeguard and service capacity of Three-river-source Ecological Monitoring Center, established by water conservancy, forest and grassland, meteorological and other departments under the leadership of the Provincial Department of Ecological Environment. The local authority has done a good job in preparing a special assessment report on the monitoring of the ecological environment of Three-river-source National Park, Three-river-source National Nature Reserve and Hoh Xil Natural Heritage site so as to provide sound support for the development and progress of the national park. On the basis of the annual monitoring and evaluation report, the local authority has established a regular evaluation system with objectives of ecological environment status, structure, functions, resources and environment carrying capacity and ecological restoration effectiveness of Three-river-source National Park, Three-river-source National Nature Reserve and Hoh Xil Natural Heritage site.

Establishing an ecological monitoring team

In order to improve the overall quality of the monitoring team, the local authority has carried out the information-based on-the-job skills training for full-time employees, focusing on strengthening the professional skills training of technicians. Working with the existing cooperative agencies, the local authority has carried out ecological monitoring training for technicians, technical exchange and workshops for specifically implemented projects, and established a talent tank of ecological monitoring expertise. Some ecological rangers have been able to get involved in the monitoring work after training. Some ecological monitoring activities are integrated with public participation activities. Volunteers with relevant expertise are attracted to participate in ecological monitoring, which provides talent safeguard and intellectual support for the development of the ecological monitoring system of Three-river-source.

b. Annual monitoring results

Since 2016, in order to support the pilot project of national park system in Three-river-source, the Three-river-source Ecological Monitoring team, established on the basis of the ecological monitoring project of the second phase of the Three-river-source Ecological Protection and Improvement Project in Qinghai, has adopted a combination of remote sensing monitoring and ground monitoring to carry out ecological monitoring of Three-river-source National Park, and it has gradually become a routine work. An annual monitoring briefing was released in June 2018. The local authority finished such remote sensing monitoring activities as ecosystem structure and spatial distribution, ecological environment conditions, soil erosion of the three parks in Three-river-source National Park, and monitoring of grassland, forest, wetland, desertified land, hydrological/water resources and meteorological elements, soil and water conservation as well as environmental quality.

Major results of monitoring and evaluation

The average annual temperature in Three-river-source National Park is 1.2℃ higher than the climatic average, the annual precipitation is 10% more than the climatic average, the annual sunshine hours are slightly less than the climatic average, the total volume of regional water resources is 9.654 billion m^3, and the volume of underground water resources is 3.633 billion m^3. The average height, cover and grass yield of regional grassland vegetation are all higher than that of the previous year. The regional soil erosion is dominated by mild freeze-thaw erosion. The canopy closure and stock volume of sample plots of Cypress In the region show a positive growth, and bushes are also having an overall growth. The vegetation height, cover and biomass of desertified land are the same as previous years and slightly higher. The vegetation cover and biomass of wetlands have increased slightly over the previous year. The ambient air quality of the major cities and towns in the region is excellent, and the surface water quality is excellent as a whole. The centralized drinking water sources in the major cities and towns meet the water quality requirements of drinking water sources. The conditions of regional ecological environment are mainly graded as "ordinary", maintaining overall stability.

Major conclusions of monitoring and evaluation

The average annual temperature of Three-river-source National Park is -1.3℃ , which is 1.2℃ higher than the climatic average, and the annual precipitation is 429.6 mm, which is almost 10% more than the climatic average. The annual sunshine hours are 2,575.9 hours, slightly less than the climatic average.

The volume of surface water resources in Three-river-source National Park is 9.654 billion m^3, the volume of underground water resources is 3.633 billion m^3 (the volume of groundwater resources overlaps with the volume of surface water resources), and the total volume of water resources is 9.654 billion m^3.

According to remote sensing monitoring, the areas of grassland, water and wetlands, forests, barren land and deserts in Three-river-source National Park and urban ecosystems account for 69.51%, 22.91%, 0.20%, 5.86%, 1.44% and 0.08% respectively of the total regional area. Grassland and wetlands are the major ecosystem types of Three-river-source National Park.

The ecological environment conditions of Three-river-source National Park are mostly graded as "ordinary", accounting for 67.94% of the area of Three-river-source National Park. Compared with the previous year, the change of regional eco-environmental condition index ranges between 0.20 and 0.42, and there is no significant change in the eco-environmental conditions of each county.

The total area of soil erosion in Three-river-source National Park is 47,475.48 km^2. Hydraulic erosion, wind erosion, freeze-thaw erosion and engineering erosion account for 0.71%, 13.14%, 86.14% and 0.003% respectively of the total soil erosion area. Soil erosion is dominated by mild freeze-thaw erosion.

Grass growth in Three-river-source National Park is better than in previous years. The cover of grassland vegetation increased by 27.31%, the average height of grass layer increased by 0.84 cm, and the total grass yield increased by an average of 13.29% over the previous year.

Compared with the previous year, the canopy closure of Cypress sample plots in Three-river-source National Park increased by 0.02 on average, and the stock volume of sample trees increased by 0.0001 m^3, and the volume of each tree species showed a slow growth trend.

The average annual height of bushes increased by 3.68 cm, and the biomass of bushes increased by 1 g/m^2. The vegetation cover, total biomass, average height and biomass of indicator species of desertified land in Three-river-source National Park increased by 2%, 1 g/m^2, 0.99 cm and 5 g/m^2 respectively over the previous year.

The vegetation cover of wetlands monitoring stations in Three-river-source National Park increased by an average of 1% over the previous year, showing an overall growth trend. The biomass of the sample plots varied from 4 g/m^2 to 21 g/m^2, and the indicator species of monitored plot showed positive growth and obvious change. The average growth rate of biomass was 4%.

The annual ambient air quality of the main cities and towns of Three-river-source National Park has been up to the Grade I and Grade II Standard specified in the *Environmental Air Quality Standard* (GB 3095—2012), and the ambient air quality is excellent. The water quality of the monitored sections of main rivers in the Yangtze River, Yellow River and Lancang River basins reaches above the limit of Grade II Standard specified in the *Surface Water Environmental Quality Standard* (GB 3838—2002), and the environmental quality condition of surface water is excellent. According to the results of the monitoring stations, the water quality of centralized drinking water sources in main cities and towns has been up to the standard specified in the *Surface Water Environmental Quality Standard* (GB 3838—2002) and *Groundwater Quality Standard* (GB/T 14848—93).

IV Institutional building

A. Local laws and regulations

The legislation of national parks is still blank in China, and no upper law can be followed. The legislation of Three-river-source National Park is a concrete measure to fully implement the *Pilot Project Plan* and the *Qinghai Provincial Party Committee's Opinions on the Implementation of the Pilot Project Plan of the National Park System in Three-river-source.* It is not only the "prescribed action" and "must answer question" to do a good job in the pilot project of the system, the necessary elements to build the park according to law and advance system building to promote ecological progress in Qinghai province, but also the realistic need to provide the whole country with replicable and applicable ecological protection and management experience. The legislative work of Three-river-source National Park will be based on relevant laws and regulations, zero in on the essence of the *Pilot Project Plan* and the *Qinghai Provincial Party Committee's Opinions on the Implementation of the Pilot Project Plan of the National Park System in Three-river-source,* consult the laws and regulations on the management of protected areas at home and abroad and draw lessons from international experience in national park legislations. The legislature shall adhere to the principles of being based on the present, focusing on the long term, taking into account all aspects, breaking down the old and setting up the new and being simple rather than complicated, and sum up the experience and legislative research groundwork of ecological protection in Three-river-source over the past years by proceeding from reality. Through highlighting the basic requirements of adopting the strictest ecological protection policy, executing the strictest ecological protection standards, implementing the strictest ecological protection measures, and carrying out the strictest accountability system, the legislative body will strive to solve the outstanding problems such as "water control by nine dragons" and "fragmentation" of law enforcement supervision, bearing in mind the reform of management system and mechanism and the concept of a life community of mountains, rivers, forests, farmland, lakes and grassland.

In October 2016, the Legal Affairs Office of the Qinghai Provincial Government and the Three-river-source National Park Administration formed a drafting group dominated by experts from all walks of life. After more than four months of extensive research, discussions and drafting both inside and outside the province, multi-round, multi-level, multi-form consultation and repeated revision and improvement, the local authority submitted the draft legislation to the leading group for the pilot project of the national park system and its 13 member ministries for comments. After seeking instructions and approval from the Central Office for Deepening Overall Reform, the Central Office of the Financial and Economic Affairs Committee, the Legislative Affairs Commission of NPC Standing Committee, the Environmental Protection and Resources Conservation Committee, and the Legislative Affairs Office of the State Council in different ways, the draft legislation was submitted to the 74th Executive Meeting of the Qinghai Provincial People's Government on February 20, 2017 for examination and approval. On February 24, 2017, the draft legislation was submitted to the 132nd Standing Committee Meeting of the Qinghai Provincial CPC Committee for study and approval. On 29 March 2017, the 33rd Meeting of the Standing Committee of the 12th Qinghai Provincial People's Congress attended to the elaboration of the draft Regulations on the Three-river-source National Park (for trial implementation). The Environmental and Resources Conservation Committee of the Provincial People's Congress made deliberations on the *Regulations on Three-river-source National Park* (draft for trial implementation). On June 2, 2017, it was adopted by vote at the 34th meeting of the Standing Committee of the 12th Qinghai Provincial People's Congress. It was officially promulgated by Notice No.47 of the Standing Committee of the Qinghai Provincial People's Congress and should enter into force as of August 1, 2017. The promulgation and implementation of the *Regulations on Three-river-source National Parks* (*for trial implementation*) mark a new step in the development of rule of law of Three-river-source National Park, which plays not only an illustrative role in the legislation of China's national parks, but also paves the way and accumulates practical experience for the development of national park legislation at the national level in the future.

The *Regulations* are divided into eight chapters and 77 articles. The articles are set mainly from the aspects of management system, planning and development, resource conservation, use and management, social participation, legal liability and so on. The management system and mechanism reform of the Three-river-source National Park, the integrated protection and management of mountains, rivers, forests, grassland and lakes, the "two unified exercises", and better protection of the integrity and authenticity of the natural ecosystem and natural and cultural heritage have been stipulated in the form of articles of laws, providing a legal safeguard for the development of the park in accordance with the law. After the promulgation of the *Regulations*, on July 11, 2017, the Legislative Affairs Commission of the Provincial NPC Standing Committee, the Legal Affairs Office of the Provincial Government and the Three-river-source National Park Administration jointly held a press conference on the *Regulations*. The relevant departments of the province were invited to attend a workshop on the day when the *Regulations* came into effect. On August 17, 2017, the Three-river-source National Park Administration issued *A Circular on the Study, Publicity and Implementation of the Regulations on Three-river-source National Park (for trial implementation)*, which made overall arrangements for the study, publicity and implementation of the *Regulations*. By the end of 2017, the interpretation of the *Regulations* had been completed and the relevant training and guidance materials had been compiled, paving the way for a better understanding and implementation of the *Regulations* by the whole society.

B. Administrative rules and regulations

On April 11, 2016, the General Office of the Qinghai Provincial CPC Committee and the General Office of the Provincial Government released the *Deployment Opinions on the Implementation of the Pilot Project of the National Park System in Three-river-source*, which clarified the major tasks of the pilot project of the national park system from eight aspects. On September 14, 2016, the 4th Meeting of the Leading Group of the Pilot Project of the National Park System in Three-river-source reviewed and adopted 8 normative documents, including *Regulations on the Scientific Research and Popularization Activities in Three-river-source National Park (for trial implementation)*, *Regulations on the Public Posts for Ecological Rangers in Three-river-source National Park (for trial implementation), Regulations on Franchise of Profit-oriented Projects in Three-river-source National Park (for trial implementation), Regulations on Project Investment in Three-river-source National Park (for trial implementation), Regulations on Public Donations for Three-river-source National Park*、*(for trial implementation), Regulations on Volunteers for Three-river-source National Park (for trial implementation), Regulations on Visitors to Three-river-source National Park (for trial implementation)*, and *Regulations on International Cooperation and Exchange for Three-river-source National Park (for trial implementation)*, which were officially released on October 29, 2016 by the General Office of the Qinghai Provincial CPC Committee and the General Office of the Provincial Government.

To ensure the reasonable and safe use of the budget, the local authority formulated *Regulations on Budget Management for the Three-river-source National Park Administration (for trial implementation)* and *The Implementation Plan for the Grassland Ecological Protection Subsidy and Incentive Policy of Three-river-source National Park*, which were discussed by the panel meeting of the Leading Group of the Pilot Project of the national park system in Three-river-source and submitted to the relevant departments of the central government for review and approval. On November 29, 2016, the General Office of the Qinghai Provincial CPC Committee and the General Office of the Provincial Government officially issued the documents.

With the progress of the pilot project of the national park system in Three-river-source, two regimes have been introduced one after another since 2018. On May 11, with the consent of the Qinghai Provincial CPC Committee and the Provincial Government, the General Office of the Provincial Party Committee and the General Office of the Provincial Government officially released the *Regulations on the Control of Functional Zoning for Three-river-source National Park (for trial implementation)*. On May 24, with the consent of the Qinghai Provincial Party Committee and the Provincial Government, the General Office of the Provincial CPC Committee and the General Office of the Provincial Government officially released *The Implementation Plan for Actively Exploring Innovative Production and Management Models for Farmers and Herdsmen in the Pilot Project of the National Park System*. By the end of 2018, a total of 12 regulations (implementation plans) had been issued and implemented, and revision of the regulations on environmental education was underway. An institutional framework has taken shape, which offers fundamental safeguard for establishment of the park in accordance with the law and plays an illustrative role in the development of national park system in China.

C. Standard regimes

The development of standardization regimes is an important measure for the reform and innovation of standardized and institutionalized management of Three-river-source National Park. After more than a year of efforts, the *Guidelines for the Management Norms and Technical Standards of Three-river-source National Park* and the *Citation Standards* (volumes I, II, III) were developed based on the concept of building an opening-up, science-based and standardization-based park according to law and regulations, the reality of Three-river-source, and compliance with international standards. Following a panel review by the Leading Group of the Pilot Project of the national park system in Three-river-source, they were officially released and implemented on December 27, 2017. The local standards of Qinghai Province, such as *Guidelines for the Standard Regime of Three-river-source National Park*, *Image Logo of Three-river-source National Park* and *Terminology of Three-river-source National Park* have been developed and released. In order to standardize management, with the strong support of scientific research institutions and relevant departments inside and outside the province, with the review and approval of the Qinghai Provincial Quality and Technology Supervision Bureau, the Three-river-source National Park Standardization Technical Committee, composed of 47 experts from 32 agencies, was established on August 16, 2018. The Three-river-source National Park Administration became the fifth in the province that set up a technical committee for standardization. In accordance with the Constitution of the Three-river-source National Park Standardization Technical Committee and the Working Rules of the Secretariat of the Three-river-source National Park Standardization Technical Committee, a plan for standard formulation and standardization regime development was developed, laying solid groundwork for the establishment of standards such as reform and innovation, establishment and development, scientific research, protection and management, publicity and education services and technical extension of Three-river-source National Park, and advancing the development of standardization regimes onto the track of standardized and routine development.

V Harmonious symbiosis between man and nature

A. Public posts for ecological rangers

a. Public posts for ecological rangers set up according to the "one household, one post" policy

In 2015, the Provincial Department of Agriculture and Animal Husbandry, the Provincial Department of Forestry and the Provincial Department of Finance released the *A New Staffing Quota for Ecological Rangers of Grassland and Wetlands*, assigning 2,554 ecological rangers of grassland and wetlands for Three-river-source National Park (including 963 wetlands rangers in the first national batch), and 2,630 posts were actually in place.

On April 5, 2016, the General Office of the Qinghai Provincial Government issued *A Circular on the Poverty Alleviation Action Plan for Ecological Protection and Services in Qinghai Province*, increasing public posts for ecological rangers by 7,421, and the total in the park coming out to 10,051 posts. The goal of having full coverage of "one post for one household policy" was achieved as part of the targeted poverty alleviation program in the park through documentation and card establishment. In June 2017, according to the actual number of pastoral households in the park, 7,160 new public posts for ecological rangers were added. So far, there are a total of 17,211 licensed ecological rangers in the park, including 2,545 for the management committee of the Yellow River Source Park, 7,752 for the management committee of Lancang River Source Park, 2,867 for the management office of Qumalai Park, and 4,047 for the management office of Zhiduo Park. The public posts for ecological rangers had full coverage of "one post for one household" for local herdsmen in the park (Figure 13).

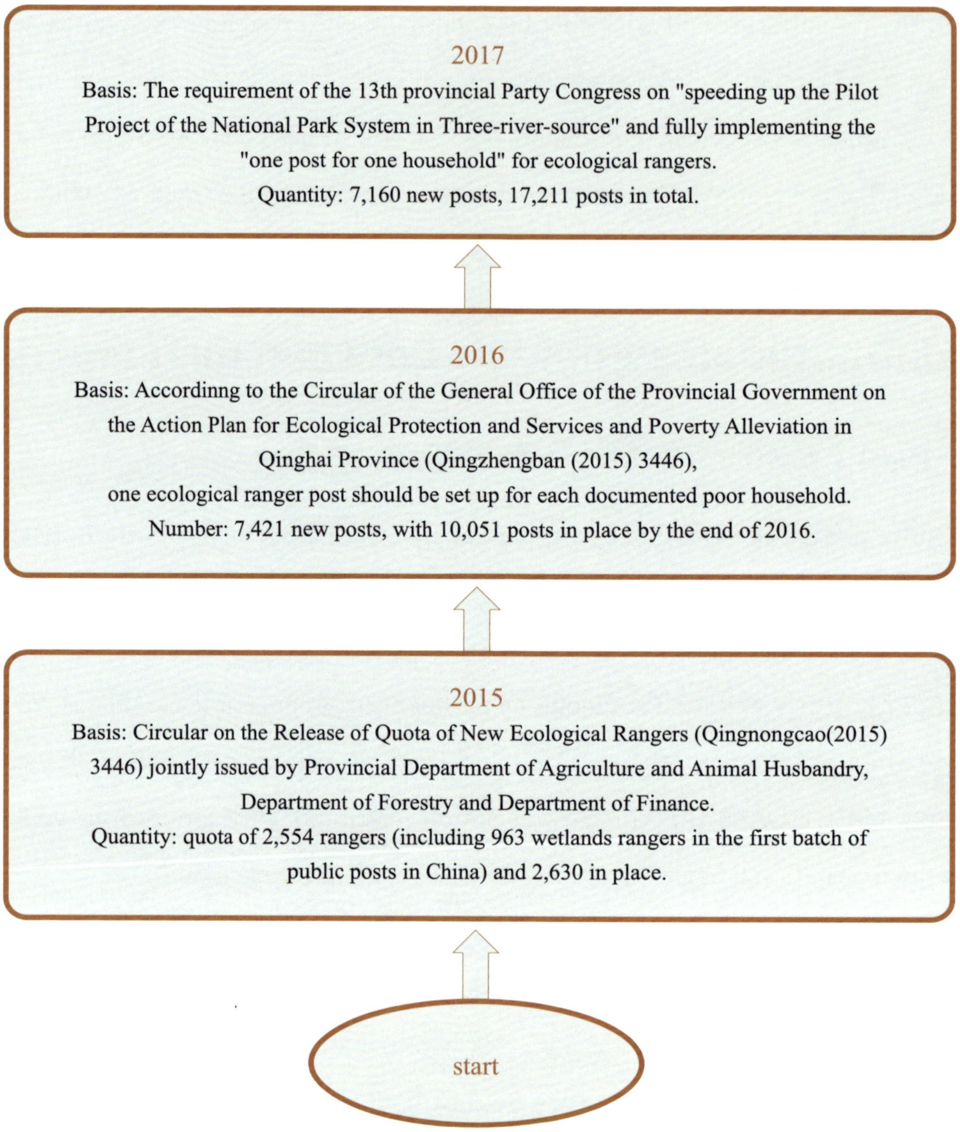

Figure 13 Process of setting up public posts of "one post for one household" in Three-river-source National Park

b. Implementation of public posts for ecological rangers

The establishment of public posts for ecological rangers is a major decision made by the Qinghai provincial government based on the two important responsibilities of "ecological protection" and "targeted poverty alleviation". It is a major livelihood project and one of the major measures for the pilot project of the national park system. The Three-river-source National Park Administration has adopted a "three steps" approach to promote its establishment. The first step is to integrate the previous posts for rangers of grassland, wetlands and forestland into public posts for ecological rangers, check and ratify the management and protection area, the salary and remuneration, and define job requirements and performance evaluation criteria for the rangers in accordance with the requirements of integrated management and protection of mountains, rivers, forests, grassland and lakes. The second step is to select one village in each of the four counties of the park, give priority to hiring ecological rangers from the documented poor households for a pilot project of "one post for one household" public posts for ecological rangers. The pilot project will gradually cover all the documented poor households, and achieve the goal of "one post for one household" for ecological rangers from the documented poor households. The third step is to select one village in each of the four counties of the park to carry out a pilot project of "one post for one household" public posts for ecological rangers in the park. The project will gradually cover all pastoral households, and achieve the goal of "one post for one household" for ecological rangers from pastoral households in 2018 (Figure 14).

In order to establish institutional safeguard, the local authority has developed *The Implementation Plan for the Establishment of Public Posts for Ecological Rangers for the Pilot Project of Three-river-source National Park*, *Regulations on the Establishment of Public posts for Ecological Rangers of Three-river-source National Park (for trial implementation)*, and *The Implementing Regulations on Performance Evaluation of Ecological Rangers of Three-river-source National Park (for trial implementation)* to reinforce the management of "one post for one household" for ecological rangers policy before, during and after its implementation. The local authority has also compiled a "bilingual" *Training Program of Public Posts for Ecological Rangers, Training Textbooks of Public Posts for Ecological Rangers of Three-river-source National Park* and *A Concise Guide to Ecological Ranger*, and hosted a training course for teachers of ecological rangers. The management committee (management office) of each park selected a total of 43 core employees to attend basic theory and practical skills training. A total of 42,252 trainees attended four rounds of training sessions for ecological rangers and enhanced their capacity as ecological rangers. All the parks have

Figure 14 "Three step" approach to implementation of "one post for one household" policy for ecological rangers in Three-river-source National Park

been actively promoting organized management and grid inspection of mountains, rivers, forest, grassland and lakes, setting up township management and protection stations and village-level management and protection teams and task forces with unified team flags, patrol armbands, post certificates and patrol logs and equipped with patrol vehicles, field patrol equipment, developing a new pattern of long-distance ecological management and protection featuring "point into line, and net into a plane".

c. Benefits of setting up public posts for ecological rangers

The involvement of local herdsmen in ecological protection has significantly improved because of the establishment of public posts for ecological rangers. The number of ecological rangers employed accounts for about 27.3% of the total number of herdsmen in the park, and a new social practice of "once a family member is employed as ecological ranger, the whole family become ecological rangers" has emerged and produced outstanding achievements in ecological protection. Each of the 10,051 ecological rangers employed from the documented poor households in the park receives an annual salary of RMB21,600. According to the poverty eradication standard of a per capita net income of RMB4,000, all the poor households with an average population of less than five people have been lifted out of poverty. The ecological poverty alleviation has achieved obvious benefits. In addition, ecological rangers play an important role in party building, maintaining stability and inheriting national culture. The management committee of Yellow River Source Park has taken the lead in establishing a six-in-one work approach of "ecological management and protection + grass-roots party building + targeted poverty alleviation + maintenance of stability + national unity + ethical progress" and gradually promoting it (Figure 15).

B. Protection of World Natural Heritage sites.

To further strengthen protection and management, the Hoh Xil Management Office (Nature Reserve Administration) focused on carrying out large-scale, high-density, high-frequency special mountain patrol operations to crack down on all illegal activities that infringe the protected areas. Each year the major mountain patrol team completes no less than 12 large-scale mountain patrols, and each protection station finishes more than 400 route inspections and patrols. At the end of May each year, a temporary checkpoint is set up near Malan Mountain, and four to five groups of team members are placed on duty for strict control.

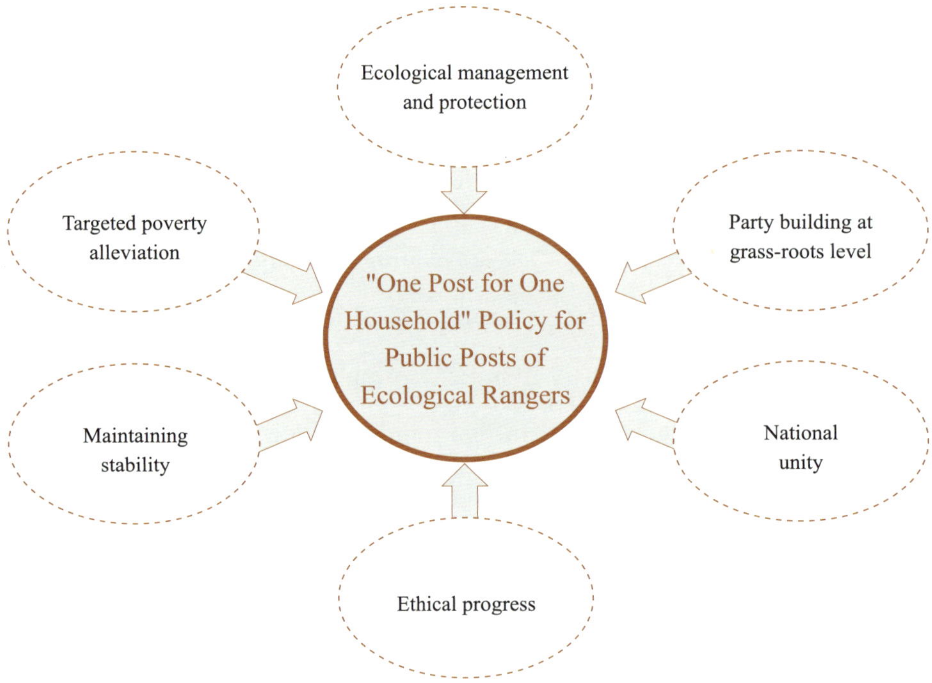

Figure 15 A "six in one" pattern for "one post for one household" policy for public posts of ecological rangers developed by the Management Committee of the Yellow River Source Park

Arrangements are made as early as possible for the Tibetan antelope litter and the protection and escort for their migration. The number of rangers and vehicles is increased after May each year at Wudaoliang Protection Station and other stations. When a large number of Tibetan antelopes pass through the area one after another, the rangers will maintain patrols to secure the migration of Tibetan antelopes. In addition, rangers at all protection stations are required to grasp the dynamics of Tibetan antelopes during the period of birth, and to monitor and record in detail the litter, population of migrants, time and relevant details of Tibetan antelopes. According to the statistics of Wudaoliang Protection Station, 12,585 Tibetan antelopes migrated and 16,118 returned between 2016 and 2018, enhancing Tibetan antelope conservation to a new height. At the 41st session of the World Heritage Committee in Krakow, Poland, on July 7, 2017, the nomination of Qinghai Hoh Xil was unanimously approved by the World Heritage Committee and included in the World Heritage List. It has become the 51st World Heritage site in China, filling the gap of the world natural heritage in Qinghai Province and even the Qinghai-Tibet Plateau.

In order to implement the Convention on the Protection of the World Cultural and Natural Heritage in accordance with the criteria for the shortlist of world natural heritage and the advanced concept of conservation management in the world, Qinghai province promulgated the *Regulations on the Conservation of Hoh Xil Natural Heritage Site in Qinghai Province*, which is aimed at strengthening management through the use of new technologies and means and upgrading the level of modernized management of Hoh Xil World Natural Heritage Site through institutional innovation. In 2018, the Three-river-source National Park Administration issued a notice, which puts a ban on illegal crossing activities in the Hoh Xil Nature Reserve to protect the lakes, rivers, glaciers, permafrost and swamps on the plateau and puts an end to all illegal activities that destroy wetlands and other natural resources.

C. Giving full play to the dominant role of the community

a. Stimulating the Internal impetus for herdsmen to get involved in the pilot project of the national park system

The indigenous people of Three-river-source National Park are mainly Tibetans. As a native nationality living on the Qinghai-Tibet Plateau, they have not only enjoyed the gifts given by nature in the nomadic life of pursuing water and forage, but also personally felt and witnessed the degradation process of the plateau ecosystem, suffered from the inconvenience to daily production and life brought about by the fragile ecosystem, and better understood the value of natural resources. In the long process of getting along with nature, the Tibetan people have formed the basic concepts and lifestyles about nature and life, and created an ecological and cultural history adapted to the natural environment. Nature conservation and cherishing life are the basic characteristics of local ecological culture, which embodies the harmonious unity of man and nature. In addition, the local people advocate a harmonious way of life between man and nature, and pay more attention to conservation in the relationship between the utilization of natural resources and the protection of natural environment. Paying more attention to the pursuit of ecological consciousness in the relationship between material life and cultural life, the local people have created rich cultural products, which become an important part of the excellent culture of the Chinese nation. In the course of promoting the pilot project of the national park system in Three-river-source, Qinghai Province has comprehensively and correctly implemented the Party's ethnic policy, religious policy and the strategy for governing Tibet in the new period, and strengthened national unity in accordance with the spirit of previous central Tibetan work conferences. The provincial authority has been enhancing the recognition by local people in the park of the great motherland, the Chinese nation, Chinese culture, the Communist Party of China and socialism with Chinese characteristics, promoting effectively brotherhood and mutual help among all ethnic groups so as to unite and strive together and achieve common prosperity and development, and further maintain and consolidate the harmonious development situation of stability and unity. Three-river-source area has become a model of national unity and social harmony and stability. At the same time, the local authority has respected the local cultural traditions of Tibetan culture and grassland culture, inherited and excavated their due value of environmental education, strengthened the conservation of material and intangible heritage, and inherited excellent culture from generation to generation so that the belief and cultural tradition of harmonious coexistence between man and nature can be carried forward. With the implementation of the public post system for ecological rangers, in particular, the traditional culture, including national ecological culture, has been respected, inherited and continued, and the main role of farmers and herdsmen in ecological protection has been brought into full play. As the most direct stakeholders and the most motivated ecological conservationists, the local farmers and herdsmen in the park have significantly enhanced their cultural confidence and further stimulated their internal impetus to get involved in ecological protection, improving their ecological self-consciousness in a sustained manner.

b. Strengthening the management capacity of community to support the protection and development of the National Park

Three-river-source National Park covers 12 townships and 53 administrative villages, with 19,109 households and 72,074 people. A settlement pattern of "large dispersion and small settlement" has taken shape. In addition to the location of the designated town and such large settlements as in Yeniugou, Tanggema and Duoxiu, other settlements are either 5 households or 1 to 2 households, showing a community distribution characterized by "scattered points, long distances and large areas". In 2017, Niandu Village, Ansai Township, Zaduo County, Hongqi Village, Yege Township, Qumalai County, Masai Village, Zahe Township, Zhiduo County, Caze Village, Zalinghu Township, Maduo County and Suonandajie Station of Hoh Xil were selected to carry out pilot projects as sites of demonstration villages and towns for ecological protection and improvement. With a total investment of RMB17.69 million, priority is focused on improving the infrastructure and public service facilities in the community and upgrading the level of industrial development. The local community has taken the lead in implementing the pilot project of "one post for one household" for the establishment of public posts for ecological rangers of documented households and "one post for one household" for all pastoral households to enhance the concept of national parks and environmental education and the awareness of ecological protection. After the completion of the pilot project, the local authority will further strengthen the management capacity of the community to support the protection and development of national parks, establishing a typical model for extension.

c. Promoting the modernization process of the community

The pilot project of the national park system in Three-river-source is not only a sacred duty entrusted to Qinghai Province by the CPC Central Committee and the State Council, but also a favorable opportunity for Qinghai Province to build a new model of ecological civilization reform. The promotion of this reform adheres to the people-oriented principle, seeks a balance between protection and development, and strives to realize the expectations and aspirations of the people for a better life in the process of strictest ecological protection. The Pilot Project of the national park system in Three-river-source has been integrated with the implementation of the strategy of rural revitalization and integrated into the "20-character" policy of "industrial prosperity, ecological livability, rural style civilization, effective governance, and prosperous livelihood". The local authority has adhered to the concept of "priority for agricultural and rural development" and strived to reflect the overall requirements and basic principles of the rural revitalization strategy in *The Community and Infrastructure*

Development Plan for Three-river-source National Park. The strategy of rural revitalization has been incorporated in time in practical work of the park, and conditions have been created in various policies and institutional mechanisms. The local authority has strived to improve the rural ecological environment and increase the income of local people, starting with major projects such as the second phase of Three-river-source Ecological Protection and Improvement Project, the building of beautiful villages on the plateau, the reward and subsidy for grassland ecological protection, and public posts for ecological rangers as key drivers. With the completion of the pilot project of the national park system in Three-river-source and the launch of the development of the national park, ecological experience and franchising will inject renewed vitality into community development, the pace of modernization within the park and surrounding communities will continue to accelerate. The park will take the lead in synchronizing with the whole province and the country at large to realize the all-round rural revitalization.

D. Exploring effective ways of compensation for accidents caused by wild animals

a. Implementing the compensation policy for accidents caused by wildlife

Compensation for wildlife accidents can improve the tolerance of indigenous people to local wildlife and their support for wildlife protection with a more positive mindset. It is a major measure to prevent and alleviate human-animal conflicts in the world. On January 1, 2012, *The Measures for Compensation for Personal and Property Losses Caused by Key Protected Terrestrial Wildlife in Qinghai Province* (hereinafter referred to as "Compensation Measures") were promulgated and implemented, followed by compensation for wildlife incidents in Three-river-source. In Three-river-source National Park, ecological rangers are responsible for monitoring and investigating conflicts between humans and animals, rushing to the scene at the time of the incident, taking photos of the incident, making detailed monitoring records, and providing evidence for compensation for human-wildlife conflicts so as to grasp the type, quantity, probability, loss and compensation of human-animal conflicts in the park as well as the population status of large carnivorous wild animals in the region. By 2017, the province had handled 5,850 cases of compensation for personal and property losses caused by wild animals, with a total cost of compensation of RMB30.518 million, of which Three-river-source National Park accounted for 15%. However, with the in-depth progress of the compensation work, the problems and difficulties such as the complexity of the compensation procedure, the excessive time frame for handling, the limitation of the scope of compensation and the overlap with agriculture and animal husbandry insurance have become increasingly prominent. The newly revised *Wildlife Protection Law of the People's Republic of China,* in particular, modifies the scope of wildlife and compensation for damage caused by wild animals. In order to better conform to the upper law and facilitate practical operation, the provincial government incorporated the revision of the "Compensation Measures" introduced in 2012 into the legislative work plan 2018. The newly revised *Measures for Compensation for Personal and Property Losses Caused by Terrestrial Wild Animals in Qinghai Province* will promote the effective settlement of problems related to human-animal conflicts in the future.

b. Trial of establishing a livestock insurance fund

With the continuous restoration of ecosystems and the increasing frequency of human-animal conflicts, the government compensation policy is facing the challenge of difficult approval and high cost. The new model of subsidies for wild animal incidents needs to be improved. Niandu Village, Angsai Township, Zaduo County took the lead in trying to establish a livestock insurance fund system in Three-river-source National Park. About 8,000 yaks take part in insurance every year, and an insurance premium of RMB3 is paid for each yak, which is jointly integrated into social contributions and government financing. Villagers can be compensated with RMB500 for every cow they lose. The right to use the compensation fund shall be subject to the approval of the village committee, which has a committee for the management and use of funds. There are three review groups composed of five villagers, which shall be specifically responsible for photographic evidence collection, field investigation, examination and verification of wildlife incidents and compensate local people for their losses. If the villagers take appropriate measures to protect their livestock, they can also receive corresponding compensation if their livestock were not attacked by wild animals in a year. The establishment of the livestock insurance fund has stimulated the impetus of the community to self-manage livestock. Local herdsmen have been actively collaborating with the use of Tibetan mastiffs to assist grazing, effectively reducing the attacks of wolves, snow leopards and other carnivorous animals to livestock. By carrying out the research on the habits of wild animals causing major incidents, a new chapter of harmonious coexistence between people and animals has been opened up.

E. Training for herdsmen

It is an important measure to improve the overall quality of local people so as to handle properly the relationship between ecological protection and economic development in Three-river-source area. There are training courses for local farmers and herdsmen in the first and second phases of ecological protection and improvement projects for Three-river-source. The training for local herdsmen will focus on traditional industries and job transfers, targeting more than 140,000 trainees, and the training materials focus on ecological protection, ethnic characteristics and close relationship to local social and economic development. Priority is given to training on ecological protection, green farming technology, ethnic handicrafts, ethnic food processing, domestic service, mechanical and electrical maintenance, tour guides and tourism management and other labor skills. The training sessions are aimed at enhancing the production and livelihood skills of local herdsmen so that they will be able to master the basic knowledge of ecological management and protection, broaden their channels of employment and promote the sustained increase of their family income.

F. Franchising

a. Promoting the development of green industry

The local authority will speed up the industrial restructuring and upgrading and promote the green development of the industry based on resource endowment, environmental carrying capacity and industrial development and by developing such core industries as ecological and organic animal husbandry, ecological experience and environmental education, characteristic culture and Chinese and Tibetan medicinal resources.

Ecological and organic animal husbandry

The local authority shall adhere to the policy of giving priority to protection and moderate development, play a good role in the development of agriculture and animal husbandry with characteristics, improve the utilization and protection mechanism of natural grassland, take into account the scale of planting and breeding and the carrying capacity of resources and environment, change the approach to production and management, optimize the supply structure of livestock products, establish and improve a modernized management system of animal husbandry, promote the improvement of quality and efficiency of traditional animal husbandry, develop a pattern of integrated development of animal husbandry led by appropriate scale management, and build a development area for the protection of grassland ecological animal husbandry.

Ecological experience and environmental education

According to the functional orientations of Three-river-source National Park, such as protection, scientific research, education and recreation, the concept of national public benefit nature of Three-river-source National Park should be established, and the principle of "experience in the Park and service outside the Park" should be followed. On the basis of strictly protecting the authenticity and integrity of the natural ecosystem and according to the characteristics of ecological protection in Three-river-source National Park, the local authority should play a good role in the development of cultural tourism based on ecological experience, build a complete system of ecological experience and environmental education, and achieve the goal of "providing the public with opportunities to get close to nature, experience nature, understand nature and enjoy recreation as a national welfare" and "encouraging public participation, motivating public enthusiasm, stimulating awareness of protection and enhancing national pride".

Characteristic cultural industry

The local authority should seize the opportunity of the strategy of revitalizing rural culture and the development of a "famous cultural province" to promote the effective integration of cultural resources with modern consumer demand, enrich the cultural industry, create characteristic cultural industry towns and villages with distinctive characteristics and outstanding advantages, develop traditional craft products with national and regional characteristics, and promote characteristic cultural brands with strong influence and market competitiveness.

Development and use of Chinese and Tibetan medicinal resources

The local authority shall protect, develop and utilize the characteristic and superior resources of Cordyceps sinensis, rhubarb, Fritillaria and capillary artemisia, build a breeding system of Chinese and Tibetan medicinal materials, a production center of large-scale raw materials and a bank of germplasm species, speed up the development of standardization and quality certification regimes of Chinese and Tibetan medicinal materials, support and inherit the development of traditional pharmaceutical technology, strengthen product research and development, promote the intensive processing of Chinese and Tibetan medicinal materials, extend the industrial chain and increase added value.

Carbon trade

The local authority shall take the initiative to make full use of the advantages of natural resources and the great potential of the carbon industry, tap the carbon sink resources of forests, grassland and wetlands, explore the development of carbon trade, and establish an effective operating mechanism for the development of carbon industry for Three-river-source National Park. Relying on the Research Institute of Three-river-source National Park, the local authority should strengthen the research on the carbon cycle of forest, grassland and wetland ecosystems in the park, find out the baseline of carbon sink, establish a reservoir of carbon sink resources, and put forward the plans for ecosystem carbon sink and emission reduction and the specific measures to increase carbon sink, carry out basic research on carbon fixation and sink technology, policy research and carbon sink accounting research, and formulate measurement methods and standard systems for carbon sink on alpine grasslands so as to provide a scientific basis for the accounting of grassland carbon sink resources in the whole province. Carbon sink assessment agencies shall be established to carry out carbon sink resource assessment and develop operational guidelines for the development of carbon sink resources. Pilot projects for carbon sink shall be implemented to explore the development path suitable for carbon sink resources in the park and improve the quality of carbon sink resources.

b. Industrial management and control

According to the functional positioning and management objectives of Three-river-source National Park, the requirements of functional zoning control as well as the classified management and development model of the community, the local authority shall formulate a positive list and a franchise list for industry access in Three-river-source National Park, optimize the spatial layout of industry and establish a spatial pattern of industrial development in which the space for production, livelihood and ecological improvement is comparatively independent and organically integrated. To achieve the goal of effective ecological protection, moderate and efficient utilization of resources, layout of differentiated industrial development and regional intensive linkage, the local authority shall map out three different industrial blocks for industry ban development, moderate use of resources and industrial agglomeration in the park, establish an industrial support service system in the counties, key cities and towns seated outside the park, and implement differentiated management and control strategy for industrial development.

c. An exploration of institutional mechanism

The compensation policies of public benefit forests, wetlands, grasslands and natural forests within the national park shall be optimized and integrated into the unified management of the national park. The earmarked funds arranged by the central finance and local governments for forestry, grassland, water conservancy, environmental protection, housing and construction, land and other departments will be integrated into the management of the national park so as to straighten out the mechanism of capital investment and give full play to the benefits of funds. In order to encourage and guide social capital to participate in the development of Three-river-source National Park and protect national and social interests and the legitimate rights and interests of franchisees, the local authority shall formulate the

Regulations for the Franchising Profit-oriented Projects in Three-river-source National Park (for trial implementation), specifying the areas, conditions, duration, coordination mechanism, supervision and management, interest safeguard, disputes settlement and agreement of responsibility of profit-making projects in the park and paving the way for the development of franchise activities in the park.

G. Improvement of people's livelihood

a. Multiple approaches to targeted poverty alleviation

Targeted poverty alleviation is one of the three critical battles to build a moderately prosperous society in an all-round way. The four counties involved in the national park are all classified as national key poverty alleviation and development counties, with a low degree of social development and a single economic structure. There were 24,000 poor people in the park in 2015, shouldering a heavy task of poverty alleviation. The Three-river-source National Park Administration has incorporated targeted poverty alleviation into the pilot system, set up a leading group for poverty alleviation, launched the pairing aid campaign for the 1,326 poor people from 443 identified households, set up a management account for identifying relatives and helping households, identified pairs of responsible agencies for helping the poor, formulated and issued an annual poverty alleviation work plan, held a conference on the promotion of poverty alleviation, and contributed a total of RMB33,500 to help the poor. Through the pilot project of the national park system, the Administration has raised RMB1.6 million in aid funds to help designated poverty alleviation villages in achieving the "zero breakthrough" in the village collective economy. Visit and help activities are also undertaken on the basis of regular help activities through integration with the specific work. The Administration has launched on-the-spot inspections of the poverty alleviation project in Junqu Village, Suojia Township, Zhiduo County. At the poverty alleviation sites the local authority helped set up restaurants of fried noodles made up of manually ground highland barley and manual processing shops of Tibetan clothing, focusing on the resettlement of people living under the poverty line.

b. Taking multiple measures to open up job opportunities

Employment is the foundation of people's livelihood and the basic premise and way for people to improve their lives. In the trial of the national park system in Three-river-source, the local authority has paid special attention to the implementation of a positive employment policy, with "ecological protection" and "system trial" as the focus, expanding the thinking of employment development, opening up employment posts through various channels, and providing employment security. More than 20,000 new jobs have been created. A "concentric circle" to expand employment has taken shape mainly through the "five batches". First, the gradual implementation of the "one post for one household" policy for ecological rangers in the park will create some employment opportunities. Second, local people are encouraged to get involved in the development of infrastructure, public service facilities, ecological protection and other projects in the park for jobs. Third, some jobs are created through determining livestock based on the forage, the development of organic and efficient animal husbandry, extending the industrial chain, change in the mode of production and refining the division of labor in the industry. Fourth, job opportunities are created through the implementation of franchise projects in the park. Fifth, local people are reemployed through job changing training or transfer of production (Figure 16).

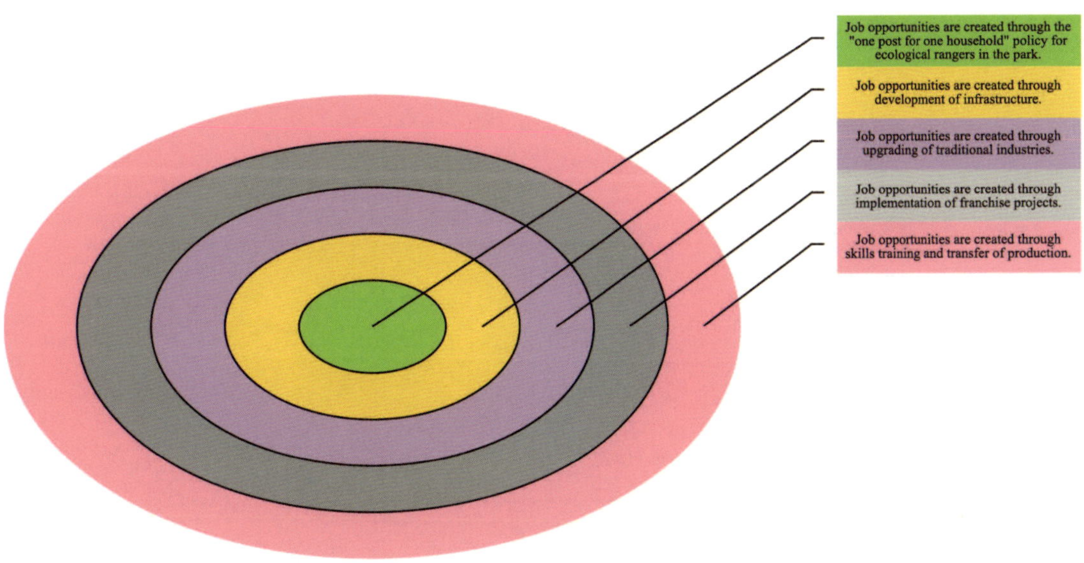

Figure 16 A concentric circle about expanding employment through the "five batches" in Three-river-source National Park

c. Increasing the income of herdsmen through multiple channels

Starting from the four major components of herdsmen's disposable income, the local authority has strived to develop the channels of increasing herdsmen's income in the four counties of the park and actively explored the point of income growth. The first is to tap the growth point of wage income. In the implementation of government investment projects, construction entities are required to use local labor force in the construction project as far as possible and pay remuneration in a timely and reasonable manner. Starting with the Public Benefit Forest Management and Protection Project of Natural Forest Protection Program and the Wetlands Management and Conservation Pilot Project, the local authority will apply this practice to grassland management and protection, and finally integrate into a "one post for one household" policy for ecological rangers, who will maintain a stable wage income. The second is to tap the growth point of operating income. On the premise of strengthening ecological protection, the local authority has been making full use of the advantages of ecological resources in the park to develop ecological industries such as ecological experience, pastoral "Happy Farmhouse" tourism and characteristic farming, changing the traditional mode of production and management of animal husbandry, and developing organic animal husbandry to increase the added value of the industry. The third is to tap the growth point of

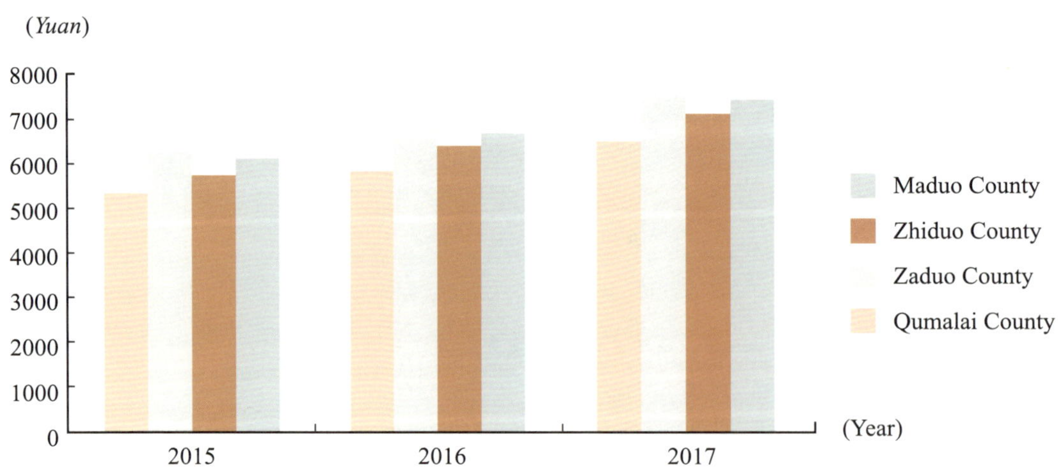

Figure 17 Column chart of disposable income of farmers and herdsmen in four counties where Three-river-source National Park is located from 2015 to 2017

property income. Through grassland circulation, equity dividends, cooperative management, employment, independent entrepreneurship and other ways, a profit sharing mechanism will be established to improve the income distribution system and increase the income of assets. The fourth is to tap the growth point of transfer income. The grassland ecological protection incentive subsidies, payment for ecological services of forest and other funds will be cashed in a timely manner. Supported by the growth points mentioned above, the disposable income of herdsmen in the four counties of the park reached RMB7,272 at the end of 2017, an increase of RMB1,349 over 2015, an average annual increase of 10.8% (Figure 17).

VI Cooperation and exchanges

A. Strengthening publicity and education

a. Major news publicity

The local authority has organized five large-scale park activities for the media, which is highly praised by the whole society. A total of 108 mainstream media at home and abroad, such as CCTV, People's Daily, Guangming Daily, Economic Daily, Xinhua News Agency, China News Service, Phoenix Satellite TV and Ta Kung Pao daily were invited to carry out "Tour of Beautiful River Sources" and "Tour of Three-river-source National Park by National Internet Media" and other series of large-scale activities. More than 3,000 high-quality and approachable news articles have been published. There have been a total of 68,686 news reports about Three-river-source National Park (including reprint), and over 490 journalists have visited Qinghai province. The core media, such as "CCTV News Program", *People's Daily*, the People's Network and Xinhua News Agency have repeatedly reported on the front page the achievements of ecological protection and national park development in Qinghai.

The local authority has successively collaborated with 11 newspapers, including *Party Life*, *Learning Times*, *China Environment News*, *China Women's Daily*, and *Party Building Magazine* in their special reports on Qinghai. The local authority has also worked closely with the CCTV, Wuzhou Communication Center, People's Daily, Xinhua News Agency, China

Tourism Daily, China Radio, Qinghai TV Station, Qinghai Daily, thepaper.cn and other media in launching a special program "Long March in Tibet in Celebration of the 19th CPC National Congress", and making microfilms, including *Walk into Hoh Xil*, *Homeland*, *Tour of Beautiful China*, *Interpretation of China* and *China Photo Album*, as well as the shooting and interview for such columns as a documentary to commemorate the 40th anniversary of China's reform and opening-up named *40 firsts in 40 years* and a TV film named *New Qinghai in a New Era*. The local authority has worked with CCTV in launching such live webcast shows as *Live Yangtze River* and *Guardian of Bar-headed Geese 2018*. On November 13, 2018, *Live Yangtze River* won the title of one of the best national radio and television news works in the second quarter.

Stickers and brochures of "Three-river-source National Park Entering Every Household were made and a distribution ceremony was held. More than 10,000 bilingual publicity wallcharts of *Three-river-source National Park Image Entering Every Household* written in Tibetan and Chinese and over 20,000 brochures have been distributed to the park and local farmers and herdsmen. The development of a publicity showcase of Three-river-source National Park has finished at the Xining airport terminal to carry out lasting publicity through the use of high-definition video, scrolling light box and dynamic and static display forms. The *Sources from Qinghai*, an animation film, was produced and broadcast. A flag-awarding ceremony was held for the Tibetan antelope convoy. On 7 August 2018, a flag-awarding ceremony was jointly held for the Tibetan antelope convoy with the Qumalai Management Office at the Wudaoliang Protection Station, and 10 media from the capital and other provinces came to report on the spot in Hoh Xil and it was broadcast on "CCTV News Program". Daily public opinion monitoring and analysis was carried out for Three-river-source in conjunction with Xinhua News Agency, China Economic Information Society and Qinghai Economic Research Center so as to pave the way for leaders to grasp public opinion and their decision-making in a timely manner.

b. Ecological exhibition and display

The local authority made preparations for Three-river-source National Park to join

China's MAB Programme and participate in the MAB Exhibition. At the 45th anniversary of the founding of the MAB National Committee and the 40th anniversary of the founding of the MAB National Committee of the People's Republic of China, it was announced that Three-river-source National Park had officially joined China's MAB National Committee. Three-river-source National Park has become the 174th member of China's MAB National Committee, filling the gap of Qinghai Province in China's MAB National Committee. Meanwhile, an exhibition of China's MAB protected areas was held at the Beijing National Convention Center, and Three-river-source National Park made its debut as a new member of China's MAB National Committee. During this exhibition, pictures and videos of Three-river-source National Park were displayed through multimedia equipment, and drone equipment for ecological monitoring was displayed. Brochures, including *Walk into the Sources of Three Rivers*, *Beautiful Sources of Three Rivers* and *China National Geographic Magazine* (Special issue of National Parks) and other publicity materials, i.e. the rare signed brochures of *Still River Sources and Deep Lakes* were also distributed to the public.

In 2018, Three-river-source National Park, together with the Provincial Ecological Protection and Improvement Office and the Provincial photographers Association, hosted Splendid *Sources of Three Rivers*, a Three-river-source National Park Photography Contest, which vividly demonstrates the achievements of ecological protection in Qinghai, mirrors the natural landscape of Saniiangyuan, the results of the pilot project of the national park system, the good working state of ecological rangers, further enriches the spare time of leaders and workers and strengthens the cohesion of the work force. The local authority actively collaborated with the Publicity Department of the Provincial CPC Committee in providing pictures and videos of the pilot Project and achievements of the national park system in Three-river-source on schedule. A photo exhibition was held in Trier, Germany, showcasing nearly 100 pictures of the natural scenery, wildlife and national culture of the Three-river-source National Park. Presentations were made for the German audience on the natural resources, human history, wildlife and the pilot Project of the national park system, and the achievements of ecological protection in Three-river-source were illustrated through pictures.

Beijing Institute of Technology was commissioned to develop *River Source Reflecting Seal*, a theme ecological seal, and an exhibition of the series of works of *River Source Reflecting Seal* was held in Beijing, producing a greater publicity effect for eco-culture with an updated art form. *The Great Beauty of Three-river-source—a calligraphy and Seal Cutting Invitation Exhibition* sponsored by the Chinese Calligraphy and *Painting Magazine,* the Three-river-source National Park Administration and the Office of Ecological Protection and Improvement of Qinghai Province was on display at the Chinese Calligraphy and Painting Art Museum. The works have various styles and forms, which vividly express the creators' appreciation of the progress of ecological civilization and the ecological environment in Three-river-source. The local authority hosted an exhibition, *Great Changes in Celebration of the 40th Anniversary of Reform and Opening-up* at the National Museum of China, and Three-river-source National Park appeared in the theme exhibition area of "Great Country Image", showcasing *The Master Plan of Three-river-source National Park*, China's first plan for national parks, the effectiveness of ecological protection in the first and second phases of the Three-river-source Project, practice of the modern development road of harmonious symbiosis between man and nature in Three-river-source National Park, and highlighting the image display of Three-river-source National Park.

c. Publicity of high-quality Party courses

The persistence spirit of Hoh Xil, together with the spirit of *two bombs and one satellite*, the spirit of Yushu earthquake relief, Gabulong's spirit of taking root and General Mu Shengzhong's spirit of opening the way, has grown into five major components of the ethical culture in Qinghai, paving the way to enhancing the ethical standards of Qinghai. The vivid elaboration of the "five special" spirits of the Qinghai-Tibet Plateau will produce a powerful ethical impetus for the development of a new Qinghai. Inspired by the five spirits, the local authority has developed a high-quality course of Party spirit education based on the touching deeds of the mountain rangers in Hoh Xil since April 2017 after in-depth mining, careful arrangement and editing and rehearsal. *Taking on the responsibility with faith and sticking to a post with one's life*, a high-quality Party course highlighting the persistence spirit of Hoh Xil, mainly tells the story of the mountain rangers who have been working hard with perseverance, optimism, persistence and self-confidence in Hoh Xil Nature Reserve for many years in the face of the harsh environment and the test of life and death, and making outstanding contributions to saving the Tibetan antelope, an endangered species and protecting the ecological environment of Hoh Xil. The Party course eulogizes the Hoh Xili people who have been staying true to the Party's founding mission, and their original ideals and aspirations to the motherland and sticking to their posts through thick and thin with great loyalty, selfless dedication and persistence. Up to now, the preaching mission has successively delivered more than 20 lectures for over 20 regions, departments and agencies, including government organs, colleges and universities as well as enterprises inside and outside the province, attracting an audience of more than 5,800 people and arousing strong reactions from all walks of life.

B. Engaging business

Multiple stakeholders are engaged to take good care of beautiful river sources so that a joint development and sharing mechanism "led by government, engaged by business and operated by market" shall take shape. Hengyuanxiang Group Corp. held a donation ceremony of "meeting Hoh Xil" in 2018 and donated to the Hoh Xil Management Office smart cold resistant equipment and daily necessities tailored for the staff of the protection station. In addition, it provided health check services for the Hoh Xil guardians in batches in Shanghai. In the future, Hengyuanxiang Group Corp. will join hands with more social forces and even the charities of the world in contributing to the sustained ecological protection in Hoh Xil. Guided by Xi Jinping's thought of ecological civilization, Trumpchi was actively involved in the development of Three-river-source National Park. In July 2018, it donated 20 GS8 patrol vehicles to convoy the inspection and patrol of Three-river-source National Park. China Pacific Insurance has developed ecological insurance projects tailored for the special environment of Three-river-source National Park, and collaborated with Three-river-source National Park in all aspects, such as ecological protection, wildlife conservation, park responsibility and property loss. In October 2018 it donated RMB1.632 million of ecological ranger insurance premium for more than 17,000 ecological rangers for personal accident injury insurance, with the total amount insured reaching RMB5.5 billion.

C. Contribution by non-governmental organizations

A number of non-governmental organizations (NGOs) have been actively engaged to facilitate the pilot project of the national park system in Three-river-source.

The institutional innovation project for Three-river-source National Park, supported by the Global Environment Facility (GEF), will be officially launched in May 2019 and plans to set up four demonstration villages in the park. It includes the training of protected area managers, provision of technical assistance for making human-animal conflict policies, provision of technical support for ecotourism and franchising in demonstration villages and the provision of technical support for public participation and environmental education. The Three-river-source Ecological Protection Foundation donated RMB3.55 million of its own funds for the pilot project of the national park system in Three-river-source. Qinghai University and other agencies jointly carried out scientific expeditions in the source area of the Yellow River and completed *A Scientific Expedition Report on the Yellow River Source Area of Three-river-source*. The *Three-river-source Siyuan No. 1 Charitable Trust Plan* was jointly established with Minmetals International Trust Co., Ltd., raising RMB500,000 in the first phase to launch the *Live Bar-headed Geese* and *Free Clinic Care for Three-river-source Women's Health* and the pilot project of Three-river-source Ecological Protection Demonstration Village in three villages in Guoluo Prefecture. The Provincial Three-river-source Ecological Protection Association has carried out a pilot project of participatory protection in Jianzuo Village, Lancang River Park, with a focus on protection of water source and water culture. Herdsmen, spiritual practitioners and foreign tourists are encouraged to reject the use of plastic products, clean up and take away their own garbage. The local authority is striving to build the first "zero waste" village on the Qinghai-Tibet Plateau. At present, the local authority is planning to launch a Co-management Model Project for Integrated Conservation and Development in a Green Community in Cuochi Village and Dangqu Village in 2019. The World Wide

Fund for Nature (WWF), together with Trumpchi Group Co., Ltd, launched charity and volunteers' environmental protection activities such as "Wetland Emissary" and "Protecting River Sources with Me". After a field study tour of the park, Beijing Qiaonyu Charitable Foundation signed a cooperation framework agreement with the local authority, and started developing *A Concept Plan for the Development of Caze Demonstration Village of the National Park* to deepen the cooperation mechanism. Environmental protection NGOs such as Alxa SEE Ecological Association, Shanshui Conservation Center, Three-river-source Ecological Protection Association have been engaged to contribute wisdom and contributions to promoting the pilot project of the national park system.

The "Snow Leopard Watchman" team jointly produced and published *Jiangcuo-a Three-river-source Environmental Protection Guard*, a popular science book to publicize and popularize the knowledge of ecological protection of Three-river-source.

D. Promoting international cooperation

Adhering to the concept of "opening up in developing the park", the local authority signed a strategic cooperation framework agreement with the Department of Cultural Communications of Chinese People's Association for Friendship with Foreign Countries and the Foreign Affairs Office of Qinghai Province to open up channels to interact with other countries. Through the two ways of "going global" and "bringing-in", discussions were held with nearly 100 ambassadors, parliamentarians, experts and friendly personages from 15 countries, including the United States, Canada, Australia, Russia, Germany, Switzerland Japan, South Korea, Sri Lanka, South Africa, Indonesia, Cambodia and Cuba on such topics as ecological civilization reform and national park development. Study tours were made to more than 10 national parks or natural parks, such as Yellowstone in the United States, Banff in Canada, Fuji Hakone Izu National Park in Japan and the National Ecological Park in South Korea to learn advanced management concepts and techniques. A delegation from Qinghai attended the fourteenth meeting of the Contracting Parties to the Convention on Biological Diversity held in Egypt to showcase the image of the Three-river-source National

Park to the world. The local authority signed cooperation agreements with Ecuador and Chilean national parks to establish sister relations. It has actively planned to strengthen cooperation with countries along the "Belt and Road Initiative" route, establish a Lanchang-Mekong Cooperation (LMC) mechanism, seek good opportunities for mutual support for the development of national parks and integrate the institutional mechanism and future development of national parks into the national strategy. In the opening up and integration process, the local authority should learn from the strengths of other countries in the world, and learn to deal with all kinds of thorny difficulties and problems in an inclusive manner on the basis of absorbing international experience in the establishment of national parks, such as standard system, institutional building, functional zoning and scientific and technological support. The local authority will further promote the concept of national parks in the whole society and make use of advanced ideas and technology in launching living exhibition centers. The implementation of franchising projects is subject to the high-level review and approval system based on synergy. The local authority has encouraged people with lofty ideals to join the national park pilot team on a voluntary basis so as to improve the governance system and capacity of national parks. It has been exploring new approaches, such as "developing into

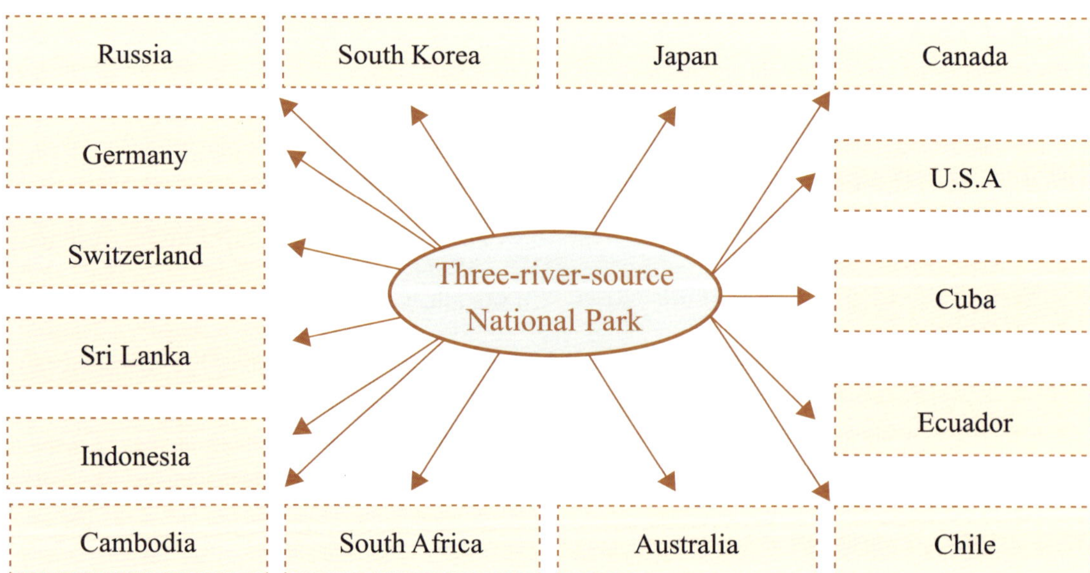

Figure 18 Countries which have developed friendly exchanges with Three-river-source National Park

self-sufficient parks" and "development of a natural parks community dominated by national parks", creating a new model and setting up a new banner for "the establishment of a protected area system dominated by national parks across the country" (Figure 18).

E. Supporting research activities

The local authority adheres to the concept of "building the park with science and technology" and encourages research institutes and institutions of higher learning to visit Three-river-source National Park for resource survey, scientific expedition activities and find solutions to research problems in accordance with the law. Since the launch of the pilot project, 87 batches of research teams have applied to enter Three-river-source National Park in accordance with the law for geological survey, geological specimen collection, frozen soil monitoring, hydrological observation, water quality sampling, biodiversity survey, soil animal and microbial monitoring, ground monitoring of ecological environment, grassland soil environmental quality survey, ecological restoration of mining area, human adaptation to high cold and anoxic environment, ecological migration survey, UAV aerial photography and other activities. These research activities have laid a solid foundation for finding out the current situation of natural resources, ecological environment, human production activities and other baseline conditions in the park, providing strong support for the second phase of the Three-river-source Ecological Protection Project, the Restoration and Improvement Project for the Geological Environment of the Three-river-source mining areas and other key projects, and offering intellectual support for speeding up the restoration of the Three-river-source ecosystem. At present, the progress reports of five research results have been submitted to the local authority, including *A Survey Report on Standardized Protection and Development of Three-river-source Nature Reserve* by Institute of Waterway Engineering, Ministry of Communications and Transport, *A Preliminary Report on Lakes Survey in the Yellow River Source Area* by Nanjing Institute of Geography and Lakes, Chinese Academy of Sciences, *A Progress Report on Adaptive Management Technology and Model for Biodiversity Conservation and Ecosystem in Three-river-source National Park* and *a Progress Report on*

Platform Development and Application for Integrated Ground-Space Ecological Monitoring and Data of Three-river-source National Park by Institute of Biology for Northwest Plateau, Chinese Academy of Sciences, and *A Survey Report on Three-river-source National Park* by the Ecological Environment Research Center, the Chinese Academy of Sciences.

VII Development of support system

A. Technology support platform

The Qinghai Provincial People's Government and the Chinese Academy of Sciences have conscientiously implemented Xi Jinping's thought of ecological civilization and taken the opportunity of the Pilot Project of the national park system in Three-river-source in working on the establishment of Three-river-source National Park Research Institute of the Chinese Academy of Sciences from a high starting point and with high standards. On August 21, 2018, the Chinese Academy of Sciences and the Qinghai Provincial People's Government held a signing ceremony in Beijing to establish jointly the Three-river-source National Park Research Institute of the Chinese Academy of Sciences. Bai Chunli, President of the Chinese Academy of Sciences, and Wang Jianjun, Secretary of the Qinghai Provincial CPC Committee, attended the ceremony and delivered speeches. Zhang Yaping, Vice President of the Chinese Academy of Sciences, and Tian Jinchen, Vice Governor of the Qinghai Provincial People's Government, signed an Agreement on the Joint Establishment of the Three-river-source National Park Research Institute of the Chinese Academy of Sciences. On September 14, Wang Jianjun, Secretary of the Qinghai Provincial CPC Committee, and Zhang Yaping, Vice President of the Chinese Academy of Sciences, unveiled the new Three-river-source National Park Research Institute of the Chinese Academy of Sciences at the Institute of Biology for Northwest Plateau of the Chinese Academy of Sciences in Xining City. Liu Ning, Deputy Secretary of the Qinghai Provincial CPC Committee and Governor, and Zhang Yaping, Vice President of the Chinese Academy of Sciences, delivered speeches respectively. On the same day, the inaugural meeting and the first plenary session of the first Council of the Institute were held. Vice

Governor Tian Jinchen and Vice President Zhang Yaping were elected Chairman of the Board of Directors. The Council reviewed and adopted the *Articles of Association of the Three-river-source National Park Research Institute of the Chinese Academy of Sciences* and the *Rules of Procedure of the Council of the Three-river-source National Park Research Institute of the Chinese Academy of Sciences*. On November 3, the first Expert Advisory Committee of the Three-river-source National Park Research Institute of the Chinese Academy of Sciences was established and held its first consultation meeting in Xining. Tian Jindun, Vice Governor and Chairman of the Research Institute, attended the meeting and delivered a speech, and issued a letter of appointment to advisers and members of the Expert Advisory Committee.

The meeting reviewed and adopted the rules of procedure of the Expert Advisory Committee. Zhao Xinquan, Academic President of the Research Institute and Deputy Director of the Expert Advisory Committee, delivered a presentation on "Mission, Tasks and Prospects of the Three-river-source National Park Research Institute". Academician Sun Honglie, consultant to the Expert Advisory Committee, Academician Nan Zhibiao, Academician Fu Berjie, Director and Academician Wei Fuwen, Deputy Director held discussions, offering suggestions and recommendations for the research and development of Three-river-source National Park and for the work of the Research Institute.

The Three-river-source National Park Research Institute of the Chinese Academy of Sciences is built by the Institute of Biology for the Northwest Plateau of the Chinese Academy of Sciences, and co-built by the Three-river-source National Park Administration and the Department of Science and Technology of Qinghai Province. The 18 other agencies involved include Qinghai University, the Ecological Environment Research Center of the Chinese Academy of Sciences and the Chinese National Committee for Man and the Biosphere. The Three-river-source National Park Research Institute drafted and hosted a discussion on the *Development Plan of the Three-river-source National Park Research Institute of the Chinese Academy of Sciences*, which seeks to make breakthroughs in five aspects, including biodiversity conservation, utilization of biological resources, changes in ecosystem functions and sustainable management, environmental changes and their impact on water resources, ecological environment monitoring and big data platform development, institutional framework and ecological culture inheritance and environmental education research, and contribute to the reform of the system and mechanism of the Three-river-source National Park and the protection of the ecological environment so that a unique national park management and research regime will take shape.

B. Infrastructure construction

Since the start of the pilot project of the national park system in Three-river-source, the local authority has made overall arrangements for infrastructure construction, actively sought central financial support, coordinated the allocations of provincial budgets and initiated a large number of infrastructure construction projects to improve the infrastructure and public service facilities in the park.

Input

The infrastructure construction is not only an important support for the smooth development of ecological patrol and protection projects, but also an important safeguard to promote the harmonious symbiosis between man and nature. Since the launch of the pilot project of the national park system in Three-river-source, with the strong support of the central and local governments, a total of RMB1.084 billion has been allocated from the central budget and supporting earmarked funds at all levels for infrastructure construction projects. The local authority has successively launched and implemented the access control system, protection and monitoring facilities, popular science education service facilities, forest police stations, patrol roads, oxygen enrichment projects in the office area of the park, the demonstration village for institutional framework of ecological protection, park identification facilities for Three-river-source National Park and a big data center and other projects, paving the way for enhancing the image of Three-river-source National Park, protecting the ecological environment of Three-river-source area, improving people's livelihood, alleviating poverty, improving public service facilities and reinforcing ecological protection infrastructure.

Progress in development

From 2016 to 2018, the local authority launched the development of exhibition rooms of Three-river-source National Park, satellite communication network system in the park, the identification system, 6 patrol roads, 26 protection and monitoring facilities, 16 forest police stations, 5 popular science education services, 12 access control systems, a big data center, a park oxygen enrichment project, demonstration villages for institutional framework of ecological protection and office building maintenance. By the end of 2018, the project design of the exhibition room of Three-river-source National Park had been completed. The development of a satellite network system for the park had made up the gap of networking capacity of the monitoring subsystems in Three-river-source area, paving the way for fixed satellite service and emergency mobile network service for protection stations. The preliminary work of patrol road construction project has almost been completed, and roadbed construction has been underway for some project components. The development of a storage base and the installation of hardware equipment have been completed for the Big Data Center and the data structure has taken shape. Four office buildings in the park have been renovated and put into use.

C. Capacity building

According to the needs of the pilot project of the national park system in Three-river-source, the local authority has strengthened capacity building at different levels. In 2018, with the consent of the Provincial Leading Group for Human Resources, Wang Jian, Vice Director, Department of Surveying and Mapping Geographic Information, Aerospace Star Technology Co., Ltd. (Institute 503) of Chinese Academy of Space Technology, was selected as a member of the third batch of Qinghai's "Plan for Introducing 1,000 High-end Innovative Talents". He was introduced to the Ecological Monitoring Center of Three-river-source National Park Administration in a flexible manner. The local authority signed a framework agreement on cooperation and a capacity building agreement with Qinghai University, set up relevant courses on national parks in the Institute of Environmental Engineering, and established a major in national parks. The first batch of 82 students who can grasp both Tibetan and Chinese language enrolled in the major. It has become the first major in national parks in China. In the public recruitment plan for 2018, 7 employees of public institutions and 1 auxiliary forest police officer were recruited from the graduates majoring in Three-river-source National Park in Qinghai University. In the past two years, the local authority has recruited 13 civil servants, 30 employees of government affiliated institutions, 3 government officials-to-be, 4 ex-servicemen and hand-picked 1 civil servant, 75 auxiliary forest police officers and 2 senior technicians to strengthen the ranks of leaders and enrich technical strength. Officials were picked to attend more than 60 training courses held by the Organization Department of the Provincial CPC Committee and the Party School of the Provincial CPC Committee, with 200 trainees involved. The local authority has developed *A Training Program for Employees of the Three-river-source National Park Administration* aimed at improving their overall capacity in terms of theory, policy and regulations. It has hosted training sessions for the ranks of leaders in an orderly manner, and conducted more than 30 training courses for professionals and technicians, with 1,500 trainees involved.

D. Smart national park

The informatization development of Three-river-source National Park is aimed at establishing a Spatial-Temporal Big-Data Storage System based on "A Smart Map of Three-river-source", realizing horizontal linkage and vertical connection on the premise of data sharing, achieving large-scale data services supported by high-performance technology, and taking application as a breakthrough to support the development of an intelligent park management platform.

The development of the first phase of the Ecological Big Data Center has come to an end. A cloud-based management system of the national park and a big data platform with cloud computing capabilities for management and research have been established, and the basic software and hardware development for data storage and management, transmission and information security has come to an end, including data display platform interface, satellite video communication interface, big data central platform interface, security system interface, geographic information interface, data management platform interface and secure operation platform interface.

Carrying out the second phase of the development of the Ecological Big Data Center. Unified, normative and standard generation of benchmark data on human activities and ecosystem of Three-river-source National Park has been accomplished based on the first phase of the Ecological Big Data Center of Three-river-source National Park. A basic geographic information database and a three-dimensional display module for key areas have been developed with 15m resolution (for ecosystem management and open public service on extranet) and sub-meter resolution (for human activity management on intranet). The standard processing, integration, dynamic access, intuitive display and trust-based decision-making have almost been achieved within the unified spatial-temporal framework of multi-source heterogeneous spatial-temporal data in the park, providing benchmark spatial information support for human activities and ecosystems in the park, including ecological protection, environmental monitoring, supervision and law enforcement, efficient management, research, publicity, education and community development. The local authority will speed up the preliminary development of the third phase of the Ecological Big Data Center so as to build an Ecological Big Data Center of Three-river-source National Park in an all-round way, realizing the intelligent management of the Three-river-source National Park Administration. The local authority will develop the Ecological Big Data Center into a wisdom center, science and technology center, management center and application center of Three-river-source National Park from a long term perspective.

Science and technology facilitates the development of a smart park. On September 10, 2018, the Three-river-source National Park Administration and the Chinese Academy of Space Technology of the Aerospace Group Corp. signed a cooperation agreement on *State Key Laboratory of Space-Earth Integration Information Technology-Three-river-source National Park Branch,* focusing on space information technologies and products such as satellite remote sensing, satellite communication transmission, UAV, ground-based remote sensing and cognition, spatial-temporal big data mining, optimizing the "integrated air-based and ground-based" ecological monitoring and transmission technology regimes of wide area satellite communication and promoting the application of spatial information in human activities and ecosystem benchmark development, environmental monitoring, data collection and assessment and mining of regular pattern of environmental change and other applied theoretical research, technical research and product promotion.

The pilot project of the national park system in Three-river-source is not only a sacred mission entrusted to Qinghai by the times, but also an important political task entrusted to Qinghai by the CPC Central Committee. The people of all ethnic groups in Qinghai will unite more closely around the CPC Central Committee with Comrade Xi Jinping as the core, under the guidance of Xi Jinping's thought of ecological civilization, and in accordance with the requirements of the "three largest".

They should further grasp the new trends, tasks and requirements for the progress of ecological civilization and the protection of ecological environment in the whole province in the new era, promote the strategy of "one priority and two highs" ① in a down-to-earth manner, actively explore new ways to integrate Three-river-source Ecological Protection and Improvement Project with the pilot project of the national park system, adhere to the overall promotion policy of ecological protection, livelihood improvement, green development, social harmony and stability for the Three-river-source area and unswervingly guard the lucid waters and lush mountains of Three-river-source to secure "the eastward flow of lucid waters from one river" and a strong and abundant "Chinese Water Tower".

① Give priority to ecological protection, promote high quality development and create high quality Life.

Annex 1:

Results of a Baseline Survey of Forest Resources in Three-river-source

Department of Forestry and Grassland of Qinghai Province
Three-river-source National Park Administration
(January 2019)

It is an important basis for the strict protection, effective control and efficient utilization of the state-owned natural resources assets in Three-river-source and an important part of the development of protected areas to establish a natural resources baseline with spatial distribution, quantity, grade and condition of natural resources on the basis of sufficient support of laws and regulations, geographical integration and clearly defined resource boundary and conditions.

Commissioned by the Three-river-source National Park Administration, Qinghai Academy of Forest Inventory and Planning launched in June 2018 a baseline survey of forest resources in Three-river-source National Park, Hoh Xil World Heritage site and Three-river-source National Nature Reserve based on the registration of natural resources assets in Three-river-source National Park.

This survey was conducted in strict accordance with the *Technical Code for the Planning, Design and Inventory of Forest Resources*, *Technical Code for Making Satellite Remote Sensing Images in Forest Resources Survey*, *Technical Specifications for Functional Zoning of Nature Reserves* and other relevant technical specifications. An inventory of forest resources and the distribution of key protected species was launched and generated specific results through field survey, the latest national census image data and remote sensing technology. The results were reviewed and adopted by a panel of experts organized by the Provincial Forestry and Grassland Department in accordance with existing laws and regulations, norms and standards, and jointly released in the form of a white paper with the Three-river-source National Park Administration in January 2019.

The main results of this survey are as follows.

a. The total area of forestland resources in Three-river-source National Park is 299,000 ha, including 7,400 ha of forested land, 4,500 ha of sparse forestland, 81,300 ha of bush land and 206,800 ha of land suitable for regreening.

b. Three-river-source National Nature Reserve is divided into 18 protection zones, covering a total area of 2.2488 million ha of forestland resources, including 227,200 ha of forested land, 40,600 ha of sparse forest land and 940,900 ha of bush land, 27,600 ha of forested land-to-be, 74.82 ha of nursery land and 1.0125 million ha of land suitable for regreening.

c. According to the administrative zoning of Three-river-source National Nature Reserve, forestland resources cover a total area of 5.1612 million ha, including 1.9864 million ha of forestland resources in Yushu Prefecture (Yushu City, Nangqian County, Zaduo County, Chengduo County, Qumalai County and Zhiduo County), 2.0029 million ha of forestland resources in Guoluo Prefecture (Maqin County, Maduo County, Jiuzhi County, Gande County, Banma County and Dari County), 529,300 ha of forestland resources in Hainan Prefecture (Xinghai County, Tongde County), 642,600 ha of forestland resources in Huangnan Prefecture (Zeku County, Henan County) and 132.92 ha of forestland resources in Tanggulashan Town of Golmud City.

d. The forestland resources of Hoh Xil World Natural Heritage site cover a total area of 85,200 ha, including 27,700 ha of bush forestland and 57,500 ha of land suitable for regreening.

e. The *Picea brachytyla* (Franch.). Pritz. var. *complanata* (Mast.) Cheng ex Rehder resources, categorized as a key protected flora species, cover a total area of 14.23 km^2 in Three-river-source National Park, Hoh Xil World Natural Heritage site and Three-river-source National Nature Reserve, all distributed in Maixiu forest area of Zeku County. The *Rheum tanguticum* Maxim. ex Balf. resources cover a total area of 7,180 km^2, concentrated in southern part of Guoluo Prefecture and Huangnan Prefecture. The *Swertia mussotii* resources cover a total area of 2,270 km^2, mainly distributed in Chengduo County, Yushu City and Nangqian County in the southeastern part of Yushu Prefecture. The *Notopterygium incisum* C. T. Ting ex H. T. Chang resources cover a total area of 1,700 km^2, mainly distributed in the eastern part of Animaqing Mountain area, Bayan Kara Mountain area and the bush thicket of Ela Mountain. The *Sinadoxa corydalifolia* resources cover a total area of 0.0004 km^2, distributed in Yushu City and Nangqian County. The *Rhodiola kirilowii* (Regel) Maxim. resources cover a total area of 13,200 km^2, distributed mainly in Guoluo Prefecture. The *Fritillaria unibracteata* Hsiao et K. C. Hsia resources cover a total area of 8,740 km^2, mainly distributed in Banma County and Jiuzhi County of Guoluo Prefecture. The *Lagotis brevituba* Maxim. resources cover a total area of 11,800 km^2, distributed in Xiqing Mountain, Animaqing Mountain and Bayan Kara Mountain. The *Meconopsis quintup linervia* Reg. resources cover a total area of 10,000 km^2, mainly distributed in Xiqing Mountain area, the eastern part of Animaqing Mountain area and Ela Mountain area. The seabuckthorn resources cover a total area of 7,850 km^2, mainly distributed in Xiqing Mountain, Animaqing Mountain and Bayan Kara Mountain area.

On the basis of the development of the big data platform of Three-river-source National Park, the Provincial Forestry and Grassland Department and the Three-river-source National

Park Administration are establishing a basic Information platform for the Three-river-source State-owned Natural Resources and an information service platform for integrated management of Natural Resources to promote information sharing, serve the ecological protection, natural resources management, research, publicity and education, natural experience and environmental education, further improve the ecological monitoring system and improve the annual monitoring and regular evaluation system. In addition, the results are submitted to the national authority of protected areas and the UNESCO World Heritage Centre in accordance with relevant regulations.

Annex 2:

Results of a Baseline Survey of Grassland Resources in Three-river-source

Department of Agriculture and Rural Affairs of Qinghai Province
Three-river-source National Park Administration

(January 2019)

It is an important basis for the strict protection, effective control and efficient utilization of the state-owned natural resources assets in Three-river-source and an important part of the development of protected areas to establish a natural resources baseline with spatial distribution, quantity, grade and condition of natural resources on the basis of sufficient support of laws and regulations, geographical integration and clearly defined resource boundary and conditions.

Commissioned by the Three-river-source National Park Administration, Qinghai General Administration for Grassland launched in June 2018 a baseline survey of grassland resources in Three-river-source National Park, Hoh Xil World Heritage site and Three-river-source National Nature Reserve based on the registration of natural resources assets in Three-river-source National Park. The survey was conducted in strict accordance with the *Implementation Scheme of Grassland Survey for Three-river-source National Park, Hoh Xil World Natural Heritage site and Three-river-source National Nature Reserve*, *Grassland Classifications*, *Technical Code of Grassland Resources and Ecological Monitoring*, *Technical Code of Monitoring Overall Vegetation Cover for National Grassland* (*for trial implementation*) and

Grading Indexes of Natural Grassland Degradation.

An inventory of the distribution of grassland resources, degraded grassland and key protected flora species was launched and generated specific results through field survey, the latest national census image data and remote sensing technology. The results were reviewed and adopted by a panel of experts organized by the Provincial Department of Agriculture and Rural Affairs in accordance with existing laws and regulations, norms and standards, and jointly released in the form of a white paper with the Three-river-source National Park Administration in January 2019.

The main results of this survey are as follows.

a. The total area of grassland resources in Three-river-source National Park is 9.9585 million ha, including 7.0866 million ha in the Yangtze River Source Park, 1.6263 million ha in the Yellow River Source Park and 1.2456 million ha in Lancang River Source Park. The grassland types can be divided into four categories: alpine meadow, alpine grassland, alpine desert and mountain meadow. The area of un-degraded grassland is 2.169 million ha, and the area of degraded grassland is 7.7896 million ha (of which 3.0804 million ha are slightly degraded, 3.3597 million ha are moderately degraded and 1.3495 million ha are severely degraded).The average grass yield of grassland is 1,393.48kg/ha, the average yield of edible herbage is 1,129.32kg/ha and the overall vegetation cover of grassland is 53.85%.

b. The total area of grassland resources in Three-river-source National Nature Reserve is 12.4473 million ha. There are five types of grassland, i.e. alpine meadow, alpine grassland, mountain meadow, temperate grassland and alpine desert. The area of un-degraded grassland is 3.5141 million ha, and the area of degraded grassland is 8.9332 million ha (of which 3.727 million ha are slightly degraded, 2.3159 million ha are moderately degraded and 2.8903 million ha are severely degraded). The average grass yield is 2,336.15kg/ha, the average edible herbage yield is 1,838.24kg/ha and the overall vegetation cover of grassland is 66.72%.

c. The total area of grassland resources of Hoh Xil World Natural Heritage site is 5.0751 million ha. There are three types of grassland, i.e. alpine meadow, alpine grassland and alpine desert. The area of un-degraded grassland is 3.8728 million ha and the area of degraded grassland is 1.2023 million ha (of which 534,100 ha are slightly degraded, 487,100 ha are moderately degraded and 181,100 ha are severely degraded). The average grass yield is 737.97kg/ha, the average edible herbage yield is 636.45kg/ha, and the overall vegetation cover of grassland is 28.39%.

d. Thirty three species of key protected plants have been discovered and widely distributed in the survey area of Three-river-source through field monitoring, including *Gentiana dahurica* Fisch., *Lagotis brevituba, Gentiana algida* Pall., *Saxifraga umbellulata* var. *pectinata, Sinadoxa corydalifolia, Saxifraga* Tourn. ex L., *Mandragora chinhaiebsis, Roegneria thoroldiana* (Oliv.) Keng, *Halenia elliptica* D. Don var. *elliptica*, *Rheum palmatum* L., *Ephedra intermedin* Schrenk, *Arenaria roborowskii* Maxim., Arenaria qinghaiensis, *Arenaria kansuensis* Maxim., *Valeriana tangutica* Bat., *Scrophularia przewalskii Batalin, Gentiana straminea* Maxim., *Bupleurum condensatum* Shan et Y. Li, *Bupleurum smithii* Wolff, *Potentilla anserina* L., *Rhodiola kirilowii* (Regel) Maxim., *Rheum tanguticum* Maxim. ex Regel, *Nitraria sibirica* Pall., *Swertia mussotii, Swertia franchetiana* H. Smith, *Gymnadenia orchidis* Lindl, *Glycyrrhiza uralensis* Fisch., *Elymus dahuricus* Turcz., *Deyeuxia kokonorica* Keng., *Fritillaria unibracteata* Hsiao et K. C. Hsia, *Fritillaria delavayi* Franch. and *Polygonatum macropodium*.

On the basis of the development of the big data platform of Three-river-source National Park, the Provincial Department of Agriculture and Rural Affaris and the Three-river-source National Park Administration are establishing a basic Information platform for the Three-river-source State-owned Natural Resources and an information service platform for integrated management of natural resources to promote information sharing, serve the ecological protection, natural resources management, research, publicity and education, natural experience and environmental education, further improve the ecological monitoring system and improve the annual monitoring and regular evaluation system. In addition, the results are submitted to the national authority of protected areas and the UNESCO World Heritage Centre in accordance with relevant regulations.

Annex 3:

Results of a Baseline Survey of Wetlands Resources in Three-river-source

Department of Forestry and Grassland of Qinghai Province
Three-river-source National Park Administration
(January 2019)

It is an important basis for the strict protection, effective control and efficient utilization of the state-owned natural resources assets in Three-river-source and an important part of the development of protected areas to establish a natural resources baseline with spatial distribution, quantity, grade and condition of natural resources on the basis of sufficient support of laws and regulations, geographical integration and clearly defined resource boundary and conditions.

Commissioned by the Three-river-source National Park Administration, Qinghai Academy of Forest Inventory and Planning launched in June 2018 a baseline survey of wetlands resources in Three-river-source National Park, Hoh Xil World Heritage site and Three-river-source National Nature Reserve based on the registration of natural resources assets in Three-river-source National Park.

The survey was conducted in strict accordance with *Technical Code for Making Satellite Remote Sensing Images in Forest Resources Survey*, *Technical Specifications for Functional Zoning of Nature Reserves*, *Technical Code for National Wetlands Resources Inventory*, *Wetlands Information Classification and Code* and *Detailed Rules for Wetlands Resources*

Inventory in Qinghai.

An inventory of wetlands resources was launched and generated specific results through field survey, the latest national census image data and remote sensing technology. The results were reviewed and adopted by a panel of experts organized by the Provincial Department of Forestry and Grassland in accordance with existing laws and regulations, norms and standards, and jointly released in the form of a white paper with the Three-river-source National Park Administration in January 2019.

The main results of this inventory are as follows.

I Three-river-source National Park

The total area of wetland resources in Three-river-source National Park is 2.1483 million ha, including 309,600 ha of river wetlands, 540,000 ha of lake wetlands, 1.2971 million ha of swamp wetlands and 1,600 ha of constructed wetlands.

II Three-river-source National Nature Reserve

The total area of wetland resources in Three-river-source National Nature Reserve is 3.1863 million ha, including 454,900 ha of river wetlands, 531,700 ha of lake wetlands, 2.1978 million ha of swamp wetlands and 1,900 ha of constructed wetlands.

III Hoh Xil World Natural Heritage site

The total area of wetland resources of Hoh Xil World Natural Heritage site is 1.0785 million ha, including 201,400 ha of river wetlands, 379,900 ha of lake wetlands and 497,100 ha of swamp wetlands.

On the basis of the development of the big data platform of Three-river-source National Park, the Provincial Forestry and Grassland Department and the Three-river-source National Park Administration are establishing a basic information platform for the Three-river-source

State-owned natural resources and an information service platform for integrated management of natural resources to promote information sharing, serve the ecological protection, natural resources management, research, publicity and education, natural experience and environmental education, further improve the ecological monitoring system and improve the annual monitoring and regular evaluation system. In addition, the results are submitted to the national authority of protected areas and the UNESCO World Heritage Centre in accordance with relevant regulations.

Annex 4:

Results of a Baseline Survey of Water Resources in Three-river-source

Department of Water Resources of Qinghai Province
Three-river-source National Park Administration
(January 2019)

It is an important basis for the strict protection, effective control and efficient utilization of the state-owned natural resources assets in Three-river-source and an important part of the development of protected areas to establish a natural resources baseline with spatial distribution, quantity, grade and condition of natural resources on the basis of sufficient support of laws and regulations, geographical integration and clearly defined resource boundary and conditions.

Commissioned by the Three-river-source National Park Administration, June 2018, the Hydrology and Water Resources Survey Bureau of Qinghai Province initiated a large-scale data collection survey of hydrometeorological stations in accordance with the *Water Law of the People's Republic of China, Hydrological Regulations of the People's Republic of China, Environmental Quality Standard for Surface Water, Groundwater Quality Standard, Guidelines for Water Resources Evaluation, Functional Zoning of Water in Qinghai Province (2015-2020)* and other relevant laws, regulations, standards and *The Implementation Plan for the Baseline Survey of Water Resources in Three-river-source National Park, Hoh Xil World Heritage site and Three-river-source National Overall Experimental Area for Ecological Protection*, and established a basic databank of hydrological, water resources and water quality based on field survey. The hydrological factors such as precipitation, evaporation, runoff, sediment and water quality are analyzed and calculated, and relevant results are obtained based on the previous survey. The results were reviewed and adopted by a panel of experts organized by the Provincial Department of Water Resources in accordance with existing laws and regulations, norms and standards, and jointly released in the form of a white paper with the Three-river-source National Park Administration in January 2019.

The main results of this survey are as follows.

I Precipitation

The average annual precipitation depth of Three-river-source National Park (1956-2016, the same below) is 328.9 mm, and the precipitation depth in 2017 is 355.5 mm. The average annual precipitation depth of the Three-river-source National Overall Experimental Area for Ecological Protection is 405.1 mm, and the precipitation depth in 2017 is 438.3 mm. The average annual precipitation depth of Hoh Xil World Heritage site is 285.1 mm, and the precipitation depth in 2017 is 321.2 mm.

II Surface water resources

The average annual surface water resources of Three-river-source National Park is 8.435 billion m^3, and the volume of surface water resources in 2017 is 9.654 billion m^3. The average annual surface water runoff in the Three-river-source National Overall Experimental Area for Ecological Protection is 48.4 billion m^3, and the volume of surface water resources in 2017 is 56.88 billion m^3. The average annual surface water runoff of Hoh Xil World Natural Heritage site is 2.518 billion m^3, and the volume of surface water resources in 2017 is 3.815 billion m^3.

III Total volume of water resources

The average annual water resources of Three-river-source National Park is 8.435 billion

m^3, and the total volume of water resources in 2017 is 9.654 billion m^3. The average annual total amount of water resources in the Three-river-source National Overall Experimental Area for Ecological Protection is 48.84 billion m^3, and the total volume of water resources in 2017 is 57.46 billion m^3. The average annual water resources of the Hoh Xil World Natural Heritage site is 2.518 billion m^3, compared with 3.815 billion m^3 in 2017.

IV Quality of water resources

A. Suspended sediment in rivers

Most of the rivers in Three-river-source National Park, Hoh Xil World Heritage site and the Three-river-source National Overall Experimental Area for Ecological Protection have less sediment content. The sediment transport modulus in most areas is less than 200 t/km^2, and over 1000 t/km^2 only in the river valley from Longyangxia Gorge to Guide of the Yellow River and the lower reaches of the tributaries along the Yellow River.

B. Surface water quality

a. Natural hydrochemical type

The salinity and total hardness of the rivers in Three-river-source are generally high in the west and low in the east. Generally speaking, the hydrochemical type varies from the calcium bicarbonate group in the east to the sodium chloride group in the west, and calcium bicarbonate is the most widely distributed type.

b. Surface water quality

The water quality of the rivers in Three-river-source National Park, Hoh Xil World Natural Heritage site and the Three-river-source National Overall Experimental Area for Ecological Protection is all up to or better than Class II.

c. Eutrophic status of lakes and reservoirs

Among the major lakes and reservoirs surveyed in Three-river-source area, the water quality of Qinghai Lake, Zaling Lake and Eling Lake is all up to Class II and moderately eutrophic.

d. Water quality of water function areas

The 29 water function areas of Three-river-source National Park, Hoh Xil World Natural Heritage site and the Three-river-source National Overall Experimental Area for Ecological Protection involved in the evaluation have all reached the water quality criteria of a water function area.

e. Water quality of water source areas

The water quality of the centralized drinking water sources in the established cities and towns and the rural drinking water sources for more than 10,000 people has been up to the criteria of the *Sanitary Standard for Drinking Water*. The water quality of surface water sources has been up to Class I, and the water quality of groundwater source area up to Class II or Class III.

On the basis of the development of the big data platform of Three-river-source National Park, the Provincial Department of Water Resources and the Three-river-source National Park Administration are establishing a basic Information platform for the Three-river-source State-owned natural resources and an information service platform for integrated management of Natural Resources to promote information sharing, serve the ecological protection, natural resources management, research, publicity and education, natural experience and environmental education, further improve the ecological monitoring system and improve the annual monitoring and regular evaluation system. In addition, the results are submitted to the national authority of protected areas and the UNESCO World Heritage Centre in accordance with relevant regulations.

后记

本公报自开始编撰至出版发行，凝聚着三江源国家公园管理局及园区管委会（管理处）全体领导干部的智慧，得到了国家林业和草原局、国家公园办的悉心指导，得到了青海省委省政府及玉树、果洛州委州政府的大力支持，得到了省发展改革委、省科技厅、省财政厅、省自然资源厅、省生态环境厅、省农业农村厅、省水利厅、省文旅厅、省气象局、省林业和草原局、青海大学等的密切配合。同时，在公报修改期间，得到了中科院三江源研究院、中国国际工程咨询公司及其西部生态研究所、青海省社科院、省委党校领导及专家的精心指教，受到了全社会的广泛关注。值此公报发布之际，谨向所有为公报付出心血的各级领导、专家学者表示衷心的感谢！

自此次公报正式发布起，三江源国家公园将实行公报制度，每年发布一次，向全社会公布体制试点与建设进展，以期得到社会各界更加广泛的关注、参与和监督，把三江源打造成为具有世界影响力的国家公园，成为践行习近平生态文明思想的标杆。

2019年1月

Afterword

Thanks to the great guidance by the National Forestry and Grassland Administration and the National Park Office as well as the wisdom of all the employees of the Three-river-source National Park Administration and the Park Management Committees (Management Office), this bulletin is successfully published. It has been strongly supported by the Qinghai Provincial CPC Committee and the Provincial Government as well as the CPC Committees and the Governments of Yushu and Guoluo prefectures. The local authority has been working closely with the Provincial Development and Reform Commission, the Provincial Department of Science and Technology, the Provincial Department of Finance, the Provincial Department of Natural Resources, the Provincial Department of Ecological Environment, the Provincial Department of Agriculture and Rural Affairs, the Provincial Department of Water Resources, the Provincial Department of Culture and Tourism, the Provincial Meteorological Bureau, the Provincial Forestry and Grassland Administration and Qinghai University. In addition, meticulous guidance has been offered during the revision process by the leaders and experts of the Three-river-source National Park Research Institute of the

Chinese Academy of Sciences, China International Engineering Consulting Corporation and its Western Ecological Research Institute, the Qinghai Provincial Academy of Social Sciences and the Party School of the Provincial Party Committee. The bulletin has received extensive attention from the whole society. On the occasion of the official release of the bulletin, our heartfelt thanks go to all the leaders, experts and scholars at all levels who have contributed their efforts to the bulletin.

As of the official release of the bulletin, the Three-river-source National Park will implement a bulletin system. The bulletin will be issued once a year to inform the whole society of the progress of the pilot project, with a view to getting more extensive public attention, involvement and supervision. Three-river-source National Park is expected to become a national park with world influence and a benchmark for the practice of Xi Jinping's thought of ecological civilization.

Jan, 2019